KB198165

세상이
궁금하다면
지리책

공우석

경희대학교에서 오랫동안 지리학을 가르쳤습니다. 현재 기후변화생태계연구소 소장으로 일하고 있습니다. 기후 변화와 생태계의 관계를 탐구하고, 환경 문제를 해결하기 위해 생활 속에서 실천하면서 알리는 일도 합니다.
지은 책으로는《이젠 멈춰야 해! 기후변화》,《왜 기후변화가 문제일까?》,《기후변화 충격》,《결코 유난스럽지 않습니다: 지구를 살리는 사소하지만 결정적인 방법(공저)》,《키워드로 보는 기후변화와 생태계》,《기후위기, 더 늦기 전에 더 멀어지기 전에》,《지구와 공생하는 사람, 생태》,《숲이 사라질 때》,《처음 지리학》,《우리 나무와 숲의 이력서》,《바늘잎나무 숲을 거닐며》,《침엽수의 자연사》,《침엽수 사이언스》,《북한의 자연생태계》《생물지리학으로 보는 우리 식물의 지리와 생태》,《한반도 식생사》 등이 있고,《뜨거운 지구가 보내는 차가운 경고 기후 위기》를 우리말로 옮겼습니다.

비주얼 지식 책방 ❷

세상이 궁금하다면
지리책

1판 1쇄 발행 2025년 1월 15일

지은이 공우석 | 펴낸곳 머핀북 | 펴낸이 송미경 | 편집 skyo0616 | 비주얼 구성·디자인 문지현
출판등록 제2022-000122호 | 주소 서울특별시 마포구 신촌로2길 19 304호
전화 070-7788-8810 | 팩스 0504-223-4733 | 전자우편 muffinbook@naver.com
블로그 blog.naver.com/muffinbook | 인스타그램 muffinbook2022

ISBN 979-11-93798-19-5 73980

우리 땅, 우리 사회가 한눈에 보여요

세상이 궁금하다면 지리책

공우석 지음

머핀북

작가의 말

'지리'는 어린이는 물론 어른들에게도 그리 편한 말이 아닌 것 같습니다. 알 수 없는 선과 기호가 가득한 지도, 딱딱한 용어들, 이해가 잘 안 되지만 무작정 외우고 보는 사회 교과서 등등이 덩달아 떠오르기 때문이죠.

그러나 지리를 어렵고 지루하게 생각하지 않으면 좋겠어요. 여러분이 매일 오가는 동네와 등하굣길, 가족과 함께 거니는 공원 산책, 더운 여름과 추운 겨울, 복잡한 지하철, 길에서 마주치는 수많은 사람들, 방학 때 방문하는 한적한 시골 할머니 집, 이따금 놀러 가는 산, 바다, 강. 이 모든 것이 바로 '지리'거든요. 그러니까 지리는 우리를 둘러싼 공간, 우리가 함께 살고 있는 공간의 어제와 오늘을 살펴보고 미래의 모습까지 탐구하는 아주 매력적인 공부랍니다.

'아는 만큼 보인다.'는 말, 들어 봤지요? 지리를 잘 알면 내가 누구인지, 내 주위 환경은 어떠한지 한눈에 알 수 있어요. 나아가 세상을 바라보는 눈도 커지고, 넓어지고, 깊어지지요. 그러면 여러분이 앞으로 어디에서 무엇을 하며 살아

갈지 여러분의 인생을 설계할 때 보다 다양하게 생각할 수 있고 자신감도 생길 거예요. 다시 한번 강조하지만, 지리를 잘 아는 것은 여러분의 미래를 준비하는 데 아주 큰 도움이 될 거예요. 이 책이 여러분에게 유익하고 다정한 길잡이가 되어 주면 참 좋겠습니다.

자, 그럼 와글와글 북적북적 우리나라 지리 여행을 함께 떠나 볼까요?

공우석

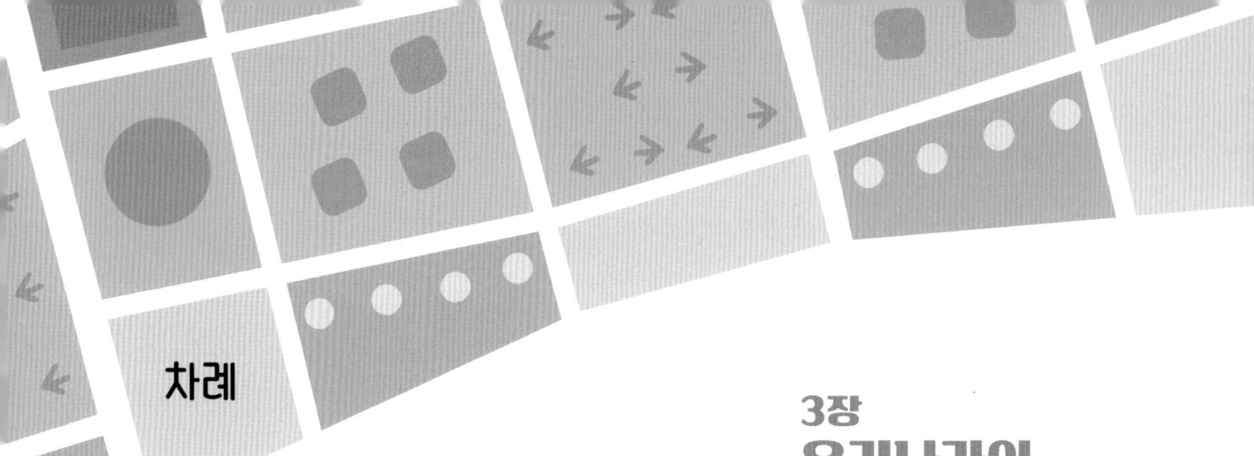

차례

1장 지리와 지도

2장 우리나라의 위치와 지형

3장 우리나라의 기후와 생태계

4장
우리나라의 인구

- 우리나라는 인구가 많나요?
- 인구 피라미드가 뭐예요?
- 사람들은 왜 이동하나요?
- 고령화 사회가 왜 안 좋아요?
- 혼자 사는 사람이 왜 많아요?

5장
우리나라의 산업, 교통, 자원

- 산업이 뭐예요?
- 왜 지역마다 발달한 산업이 달라요?
- 미래에는 어떤 산업이 발달할까요?
- 우리나라 교통은 언제부터 발전했어요?
- 자원이 정확히 뭐예요?
- 우리나라는 자원이 많나요?

6장
우리나라의 도시와 촌락

- 사람들은 왜 도시에 많이 사나요?
- 도시 문제가 많이 심각한가요?
- 촌락에서는 어떻게 먹고사나요?
- 사람들은 왜 촌락을 떠나나요?

7장
한눈에 보는 우리나라

- 서울특별시
- 수도권
- 강원도
- 충청도
- 전라도
- 제주도
- 경상도
- 독도
- 북한

- 자료 출처

1장

지리와 지도

지리가 뭐예요?

지리는 세계 곳곳의 다양한 지역과 사람들이 살아가는 모습을 연구하는 학문이에요. 지리를 뜻하는 영어 'Geography'는 그리스어에서 유래했는데, '땅(geo)을 기록하다(graphy)'는 의미지요. 여기서 땅은 환경, 기후, 생물, 자연, 도시, 교통, 인구, 산업까지 모두 포함해요. 이렇게 다양한 요소들을 살피고 그에 따라 사람들의 삶의 방식이 어떻게 다른지, 그 이유가 무엇인지 자세히 알려 주는 것이 지리랍니다.

북아메리카 대륙에서는 토네이도가 자주 발생해요.

미국은 영토가 넓고 천연자원이 풍부하며 다양한 산업이 골고루 발전했어요.

남아메리카에서는 열대 기후에서 잘 자라는 커피나무를 재배해요.

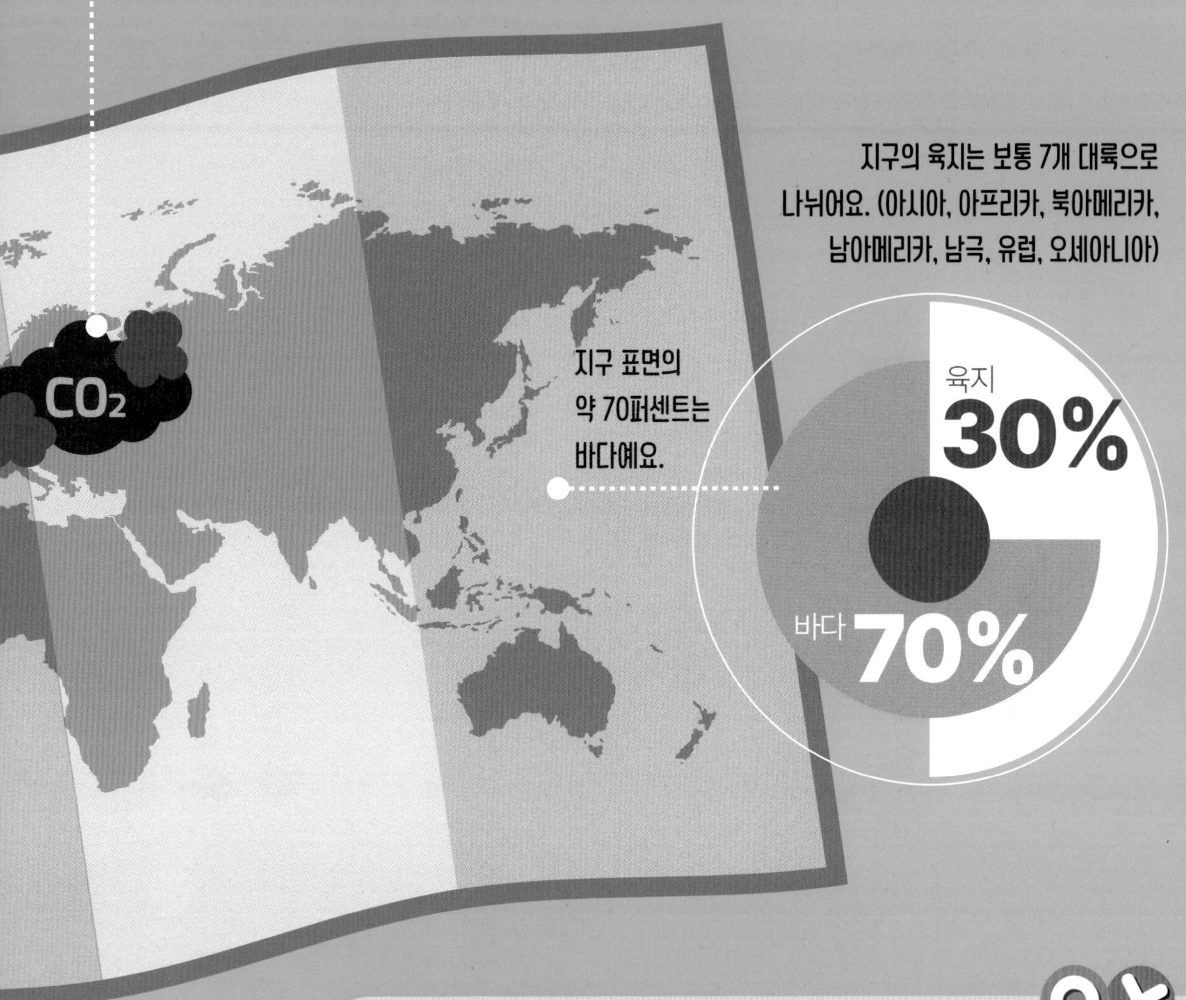

지리를 꼭 알아야 하나요?

우리가 사는 곳이 농사짓기 좋은 땅인지, 날씨는 언제 따뜻하고 언제 추운지 안다면 살아가기 훨씬 편리하겠지요? 지리는 우리에게 아주 유용한 정보를 주는 실용적인 학문이자 우리 삶과 아주 가까운 학문이에요. 따라서 지리를 잘 익히고 알아 두는 것이 좋답니다.

정답 O

지리가 자연환경만 공부하는 게 아니에요?

지리는 자연환경과 인문 환경을 모두 다루어요. 자연환경은 산, 들, 하천, 비, 바람, 눈 같은 우리 주변의 자연과 생태계를 말해요. 인문 환경은 사람들이 만들어 낸 현상이지요. 예를 들면 인구, 도시, 산업, 교통, 관광, 환경 문제 등을 가리켜요. 그러니까 지리는 자연뿐 아니라 그 속에서 살아가는 사람들의 생활 모습에도 많은 관심을 가져요. 아울러 지도를 통해 각 지역의 다양한 특성도 탐구하지요. 그래서 지리를 잘 알면 자연과 인간의 긴밀한 관계를 보다 쉽게 이해할 수 있어요.

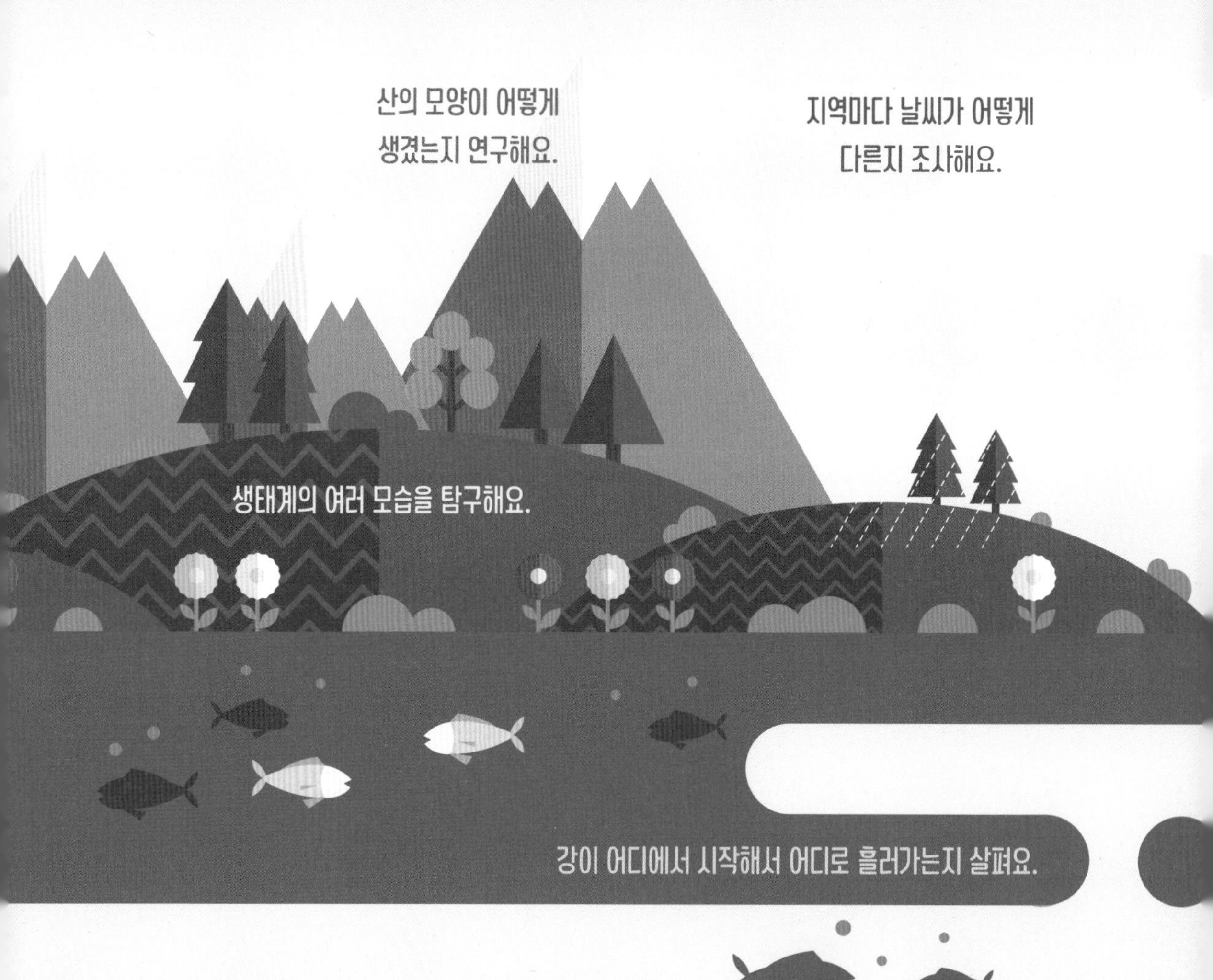

우리나라 산업의
특징을 살펴요.
사람들이 어디에 많이 사는지 조사해요.
도시의 주거 생활이
어떻게 변화하는지
연구해요.
사람의 이동을 돕는
교통을 살펴요.

지도를 왜 만들어요?

지도는 땅의 실제 모습을 일정하게 줄여서 그린 그림이에요. 산의 높이, 논밭의 분포, 수도의 위치 같은 여러 지리 현상들이 알기 쉽게 그려져 있어서 지리를 공부할 때 매우 중요한 자료지요. 이처럼 지도는 어디에 무엇이 있는지 분명하게 보여 줘요. 그래서 여행을 떠나기 전에 지도를 확인하면 찾아가는 길이나 걸리는 시간을 계획할 수 있고, 덕분에 쉽고 빠르게 목적지에 갈 수 있어요. 가 보지 않은 곳에 대한 정보도 미리 알 수 있지요.

지하철 노선도

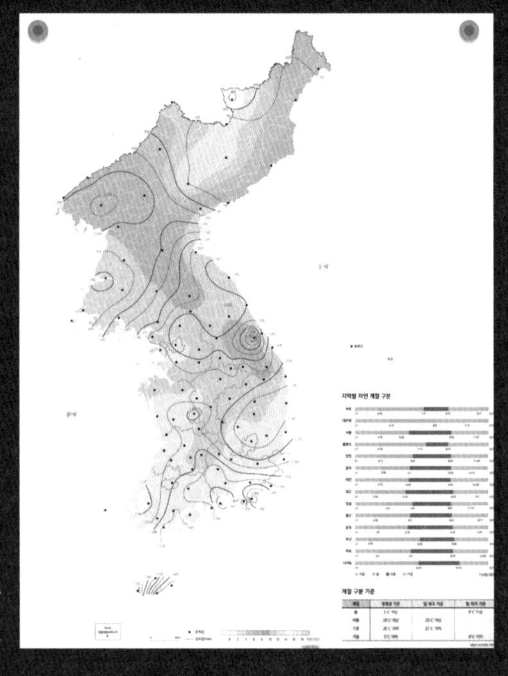

기후도

각 지역의 연평균 기온이나 강수량을 보여 주어요.

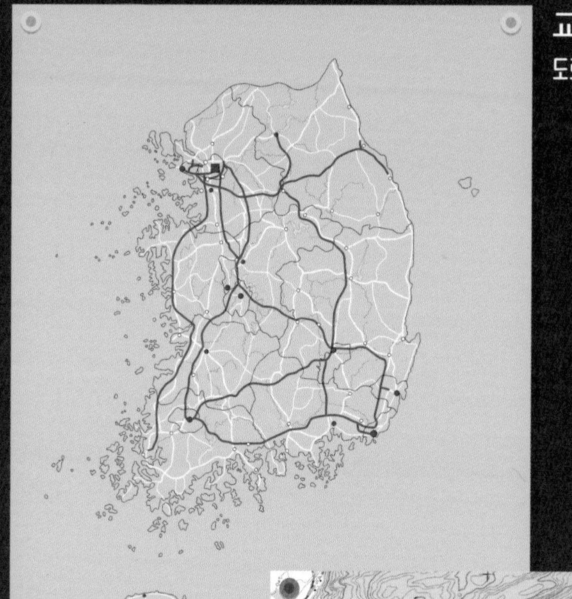

교통 지도

도로나 철도를 자세히 보여 주어요.

관광 지도

중요한 관광지나 유적지를 나타내요.

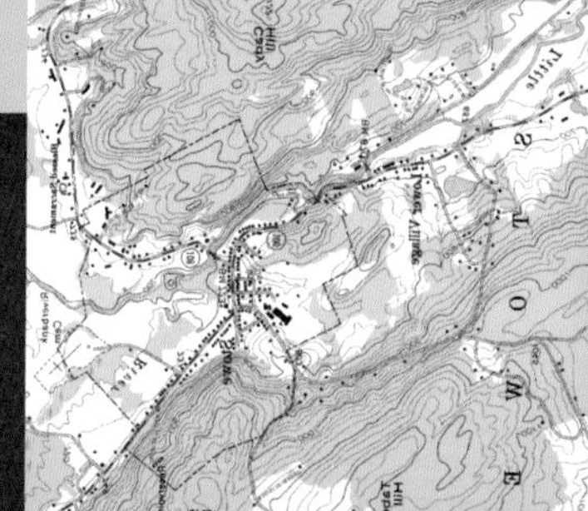

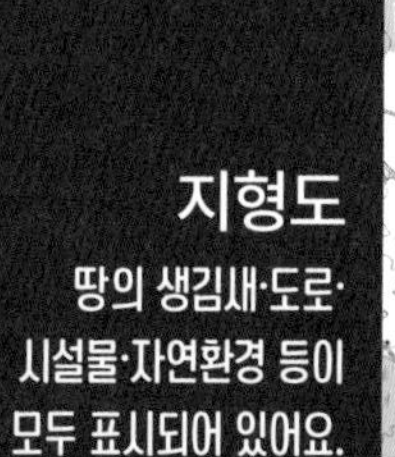

지형도

땅의 생김새·도로·
시설물·자연환경 등이
모두 표시되어 있어요.

예전에는 종이 지도를 들고 여행했지만, 요즘은 전자 지도나 내비게이션을 사용해요. 내비게이션은 2만 킬로미터 높이에 있는 24개의 위성으로 위치를 확인하는 GPS를 통해 나의 현재 위치와 목적지까지 가는 길을 알려 주지요. '구글어스(Google Earth)'는 전 세계의 모습을 위성 사진으로 볼 수 있는 지도 프로그램이에요.

지도는 어떻게 만들어요?

우리가 사는 땅은 실제로 매우 넓어서 지도로 만들려면 훨씬 작게 줄여야 해요. 그러나 아무렇게나 줄이면 안 되고, 일정한 비율로 축소해야 하지요. 예를 들어 1킬로미터(100,000센티미터)를 1센티미터로 그렸다면 실제 거리를 100,000분의 1로 줄여서 나타낸 것인데 이 경우 지도에 1:100,000으로 표시해요. 이렇게 실제 거리를 지도에서 얼마나 줄였는지 나타내는 비율을 '축척'이라고 해요. 실제 거리를 조금 줄일수록 축척이 크다고 하여 대축척 지도, 많이 줄일수록 축척이 작다고 하여 소축척 지도라고 불러요.

도로가 이렇게 연결되네?
대축척 지도
• 실제 거리를 조금 줄여요.
• 특정 지역을 자세하게 보여 줘요.
• 건물 위치, 도로 등 정보를 알아보기 쉬워요.
• 지도에 보여 줄 수 있는 땅의 범위가 좁아요.
소축척 지도
• 실제 거리를 많이 줄여요.
• 넓은 지역을 한눈에 파악할 수 있어요.
• 특정 지역의 위치를 알아보기 쉬워요.
• 지역의 모습을 자세히 살필 수 없어요.
독도가 저기 있구나.

지도는 어떻게 읽어요?

암호처럼 표기된 지도를 바르게 읽으려면 축척 외에 무엇을 알아야 할까요? 바로 **방위**와 **기호**예요. 방위는 지도를 보는 방향을 가리키는 말이에요. 동서남북을 가리키는 방위표가 없다면 대개 지도의 위쪽이 북쪽, 오른쪽이 동쪽, 아래쪽이 남쪽, 왼쪽이 서쪽이지요. 그리고 땅 위의 여러 가지 지형이나 물체는 약속된 기호로 간단히 그려 넣어요. 이 기호 덕분에 작은 지도 안에 다양한 정보를 담을 수 있답니다.

고속철도

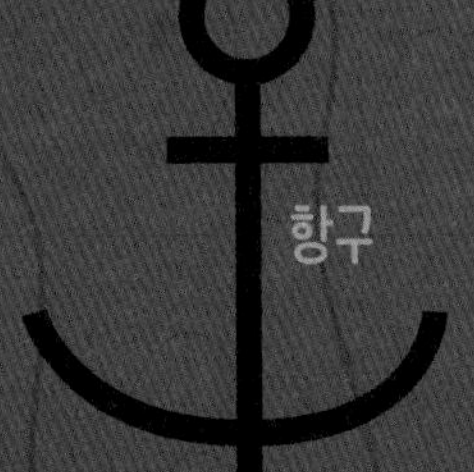

고속국도

다리

공항

우체국

소방서

지도만 보고 땅의 높낮이를 알 수 있나요?

지도를 자세히 보면 일정한 간격으로 동글동글 이어진 선이 있어요. 바로 땅의 높이가 같은 지점을 연결한 등고선이에요. 등고선을 보면 땅이 높은지 낮은지 알 수 있지요. 등고선 간격이 좁으면 경사가 심한 곳으로 오르기 어려워요. 정답 O

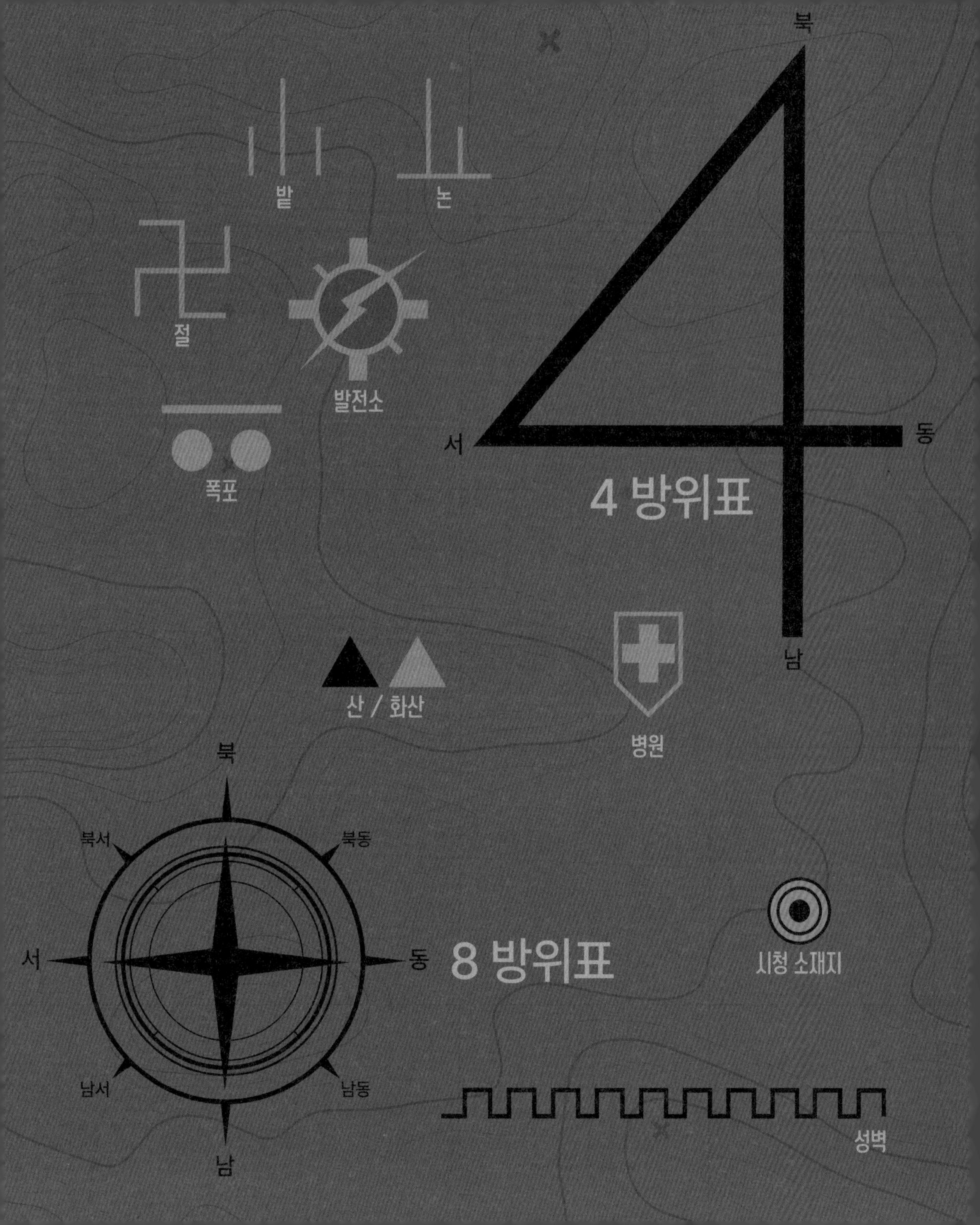
밭
논
절
발전소
폭포
북
서
동
남
4 방위표
산 / 화산
병원
북
북서
북동
서
동
남서
남동
남
8 방위표
시청 소재지
성벽

시간과 기후가 달라지는 선이 있어요?

지도나 지구본을 보면 세로선과 가로선이 있어요. 동서로 지나가는 가로선은 **위선**, 남북으로 지나가는 세로선은 **경선**(자오선)이라고 부르지요. 위선은 적도를 중심으로 평행하게 그은 선으로 우리가 적도에서 얼마나 떨어져 있는지 나타내요. 적도에서 북극·남극으로 갈수록 위도가 높아지고 햇볕이 적어 춥지요. 경선은 영국 런던의 그리니치 천문대를 지나는 자오선에서 동쪽과 서쪽으로 얼마나 떨어졌는지를 나타낸 거예요. 그리니치 자오선을 기준으로 동쪽과 서쪽이 나뉘고 시간과 날짜가 달라져요.

*본초 자오선 지구의 경도를 결정하는 데 기준이 되는 자오선

한 걸음 더!

우리는 지도상의 위치를 말할 때 위도와 경도로 표시해요. 즉, 위선과 경선이 만나는 지점의 좌표를 사용하면 전 세계 모든 곳을 정확히 표시할 수 있어요. 우리나라의 수도 서울의 좌표는 북위 37도, 동경 126~127도예요. 적도에서 북쪽으로 37도 떨어져 있고, 그리니치 자오선에서 동쪽으로 126~127도 떨어져 있다는 뜻이에요.

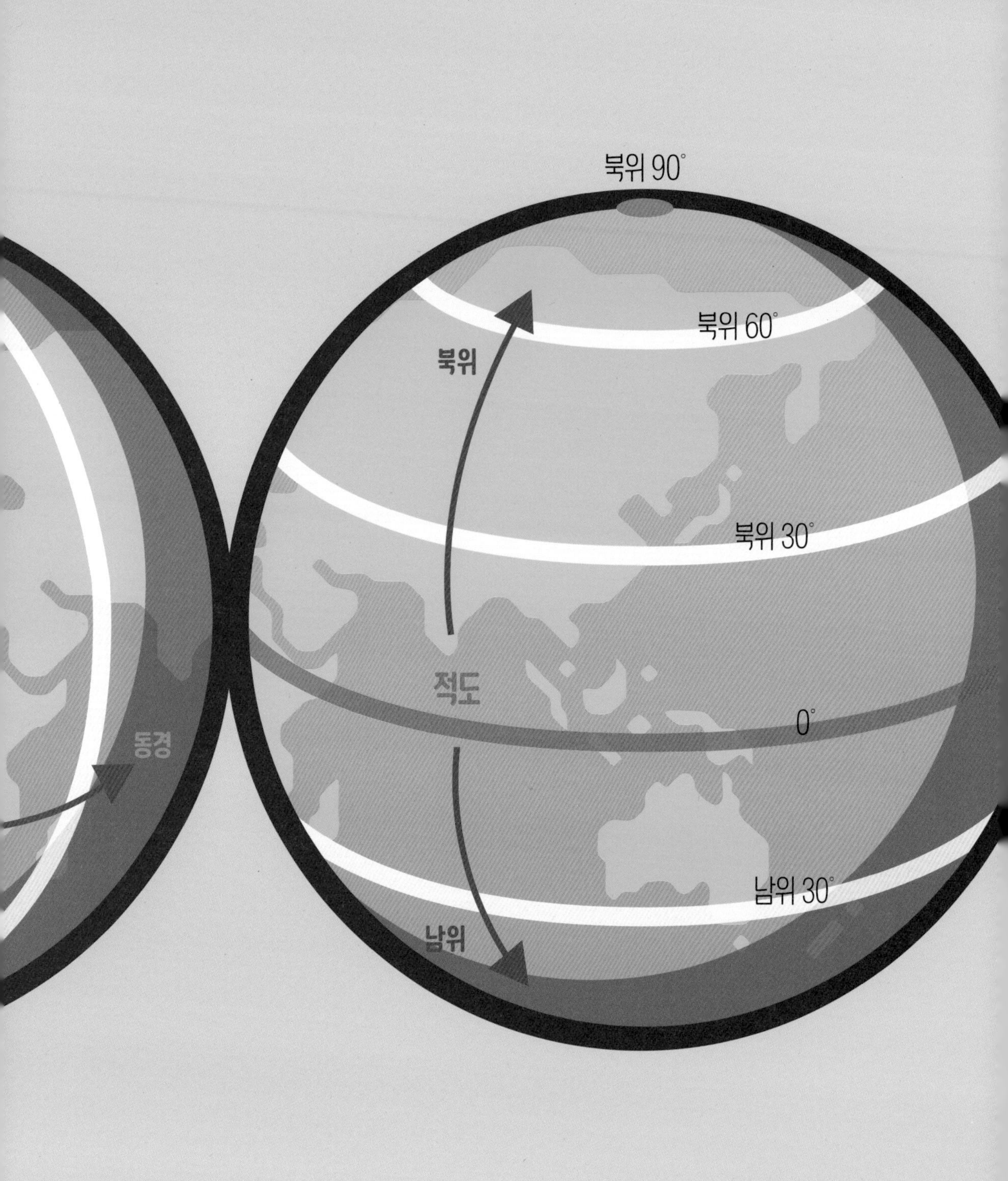
북위 90°
북위 60°
북위
북위 30°
적도
0°
동경
남위 30°
남위

2장

우리나라의 위치와 지형

우리나라는 정확히 어디 있어요?

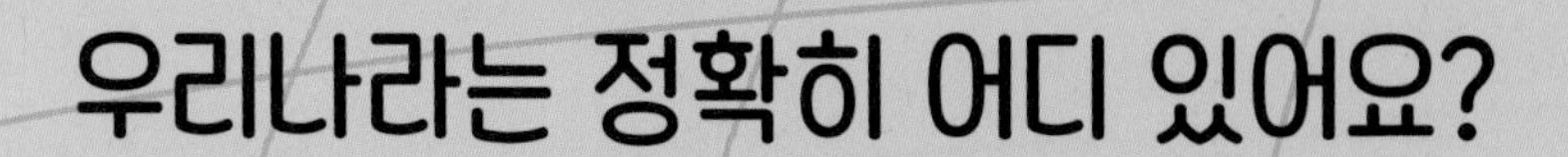

우리나라는 유라시아 대륙 동쪽, 북태평양 북서쪽에 있는 반도 국가예요. 앞에서 배운 경위도로 표현하면 동경 124~132도, 북위 33~43도에 걸쳐 있지요. 북쪽으로는 중국, 러시아와 국경을 맞대고 있고 대한 해협을 사이에 두고 일본과 마주하고 있어요. 서해(황해)를 건너면 중국에 이르지요.

그럼 한반도는 무엇일까요? 한반도는 우리나라 국토를 지형적으로 일컫는 말이에요. 우리나라 영토는 한반도와 여기에 딸린 크고 작은 섬들을 포함해요. 1948년 8월 15일에 대한민국 정부를 세울 때 헌법에서 우리나라 영토를 이렇게 정했지요. 그러나 한국 전쟁(1950~1953년) 이후 분단되면서 대한민국 국민은 군사 분계선(휴전선, 삼팔선) 남쪽에서만 자유롭게 다닐 수 있어요.

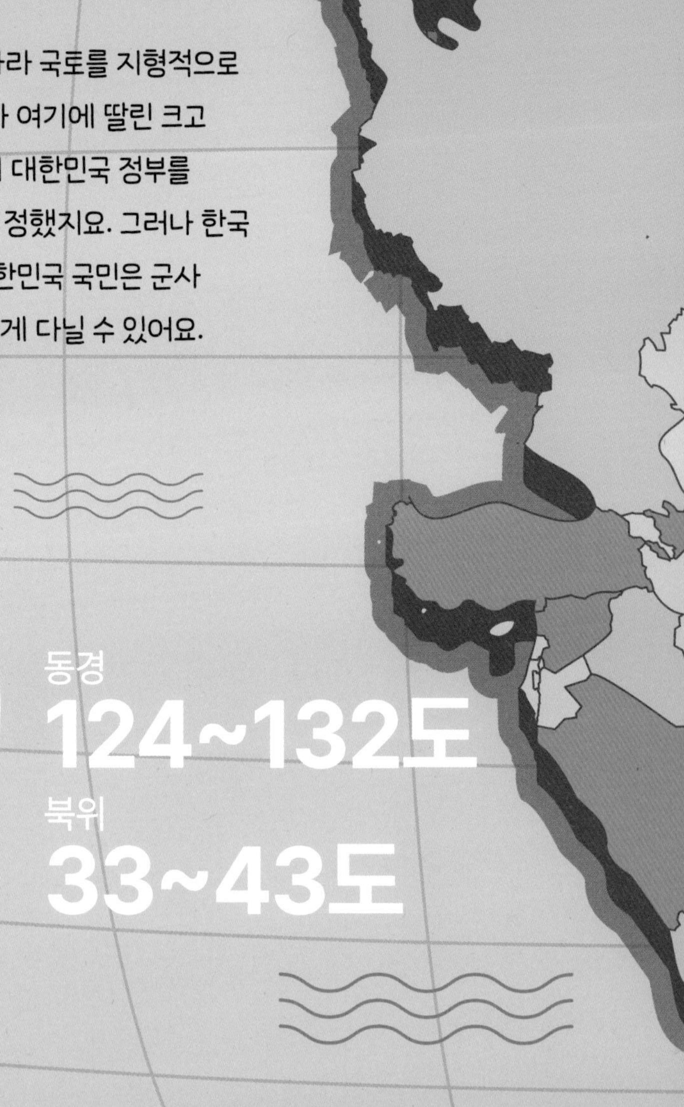

한 걸음 더!

우리는 무심코 남한, 북한이라고 부르지만 국제법으로 보면 바른 표현이 아니에요. 우리나라의 공식 명칭은 대한민국이며, 북한은 조선민주주의인민공화국이에요. 1991년에 남북한이 동시에 국제연합에 가입하면서 국제 사회는 둘을 다른 국가로 보고 있어요.
한반도가 통일되면 이런 혼란은 없어지겠지요.

어디까지가 우리나라 영토예요?

영토 분쟁에 관한 뉴스를 본 적 있을 거예요. 영토는 한 나라의 힘(국권)이 미치는 땅의 범위를 말해요. 우리나라 영토는 한반도와 그 주변의 3,380여 개 섬으로 이루어져 있어요. 영토는 흔히 땅으로 이루어진 영역을 뜻하지만, 영해(바다)와 영공(하늘)을 포함해서 말하기도 해요.

영해는 기준선으로부터 12해리(약 22킬로미터)까지입니다.

서해와 남해의 영해 기준선은 가장 바깥에 있는 섬들을 이은 선이에요.

동해의 영해 기준선은 썰물 때 동해안의 해안선과 울릉도, 독도의 해안선이에요. 영공은 영토와 영해 위의 하늘을 가리키지요. 그러니까 국가의 영역을 결정하는 가장 기본적인 요소는 영토이며, 영토를 바탕으로 영해가 결정되고, 영토와 영해를 바탕으로 영공이 결정돼요.

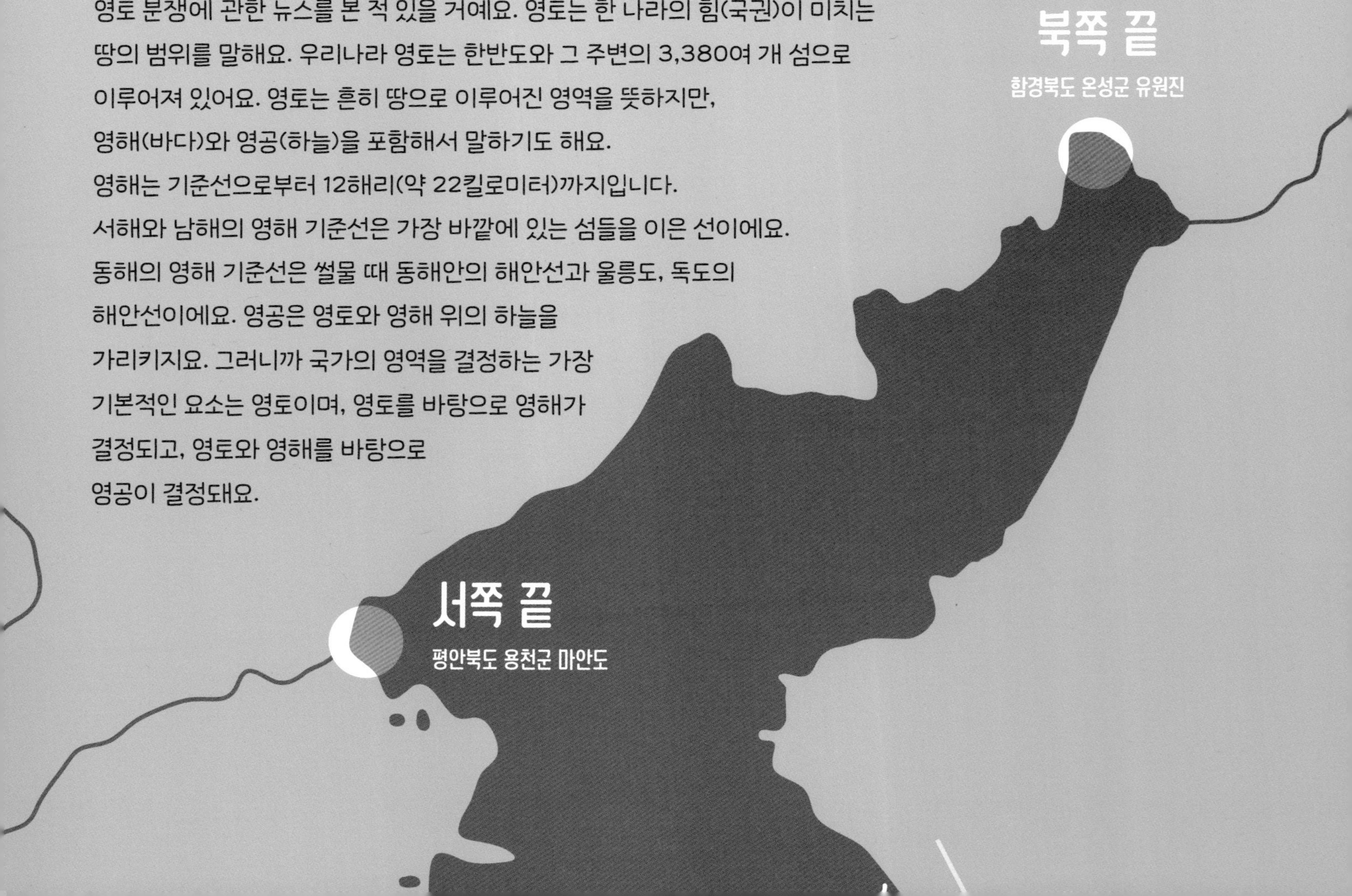

북쪽 끝

함경북도 온성군 유원진

서쪽 끝

평안북도 용천군 마안도

한 걸음 더!

두 나라의 대륙 사이가 너무 가까우면 영해를 구분하는 기준이 달라져요. 예를 들어, 우리나라와 일본이 마주하는 대한 해협에서는 3해리까지를 영해로 정했어요. 대한 해협의 폭은 평균 23해리로, 한국과 일본이 각각 12해리의 영해를 선포하면 다툼이 일어나고 다른 나라의 선박과 항공기 통행이 어려워지기 때문이에요.

반도 국가는 장단점이 뭐예요?

삼면은 바다로 둘러싸이고 한 면은 육지에 이어진 땅을 **반도**라고 해요. 육지가 바다를 향해 길게 튀어나온 형태지요. 우리나라는 동쪽, 서쪽, 남쪽 삼면이 바다로 둘러싸인 반도 국가예요. 유라시아 대륙과 태평양을 이어 주는 다리로서, 하늘과 바다를 통해 전 세계 어디로든 갈 수 있어 매우 유리하지요. 살기 좋은 기후, 풍부한 수산물도 큰 장점이에요. 그래서 예로부터 중국, 일본, 북방 유목민들이 한반도를 끊임없이 침략했지요.

하지만 반도 국가는 온난화 때문에 해수면이 점점 높아지면서 해안이 물에 잠기거나 해일 같은 자연재해가 발생할 확률이 높아요. 따라서 자연재해를 미리미리 대비하는 지혜가 필요해요.

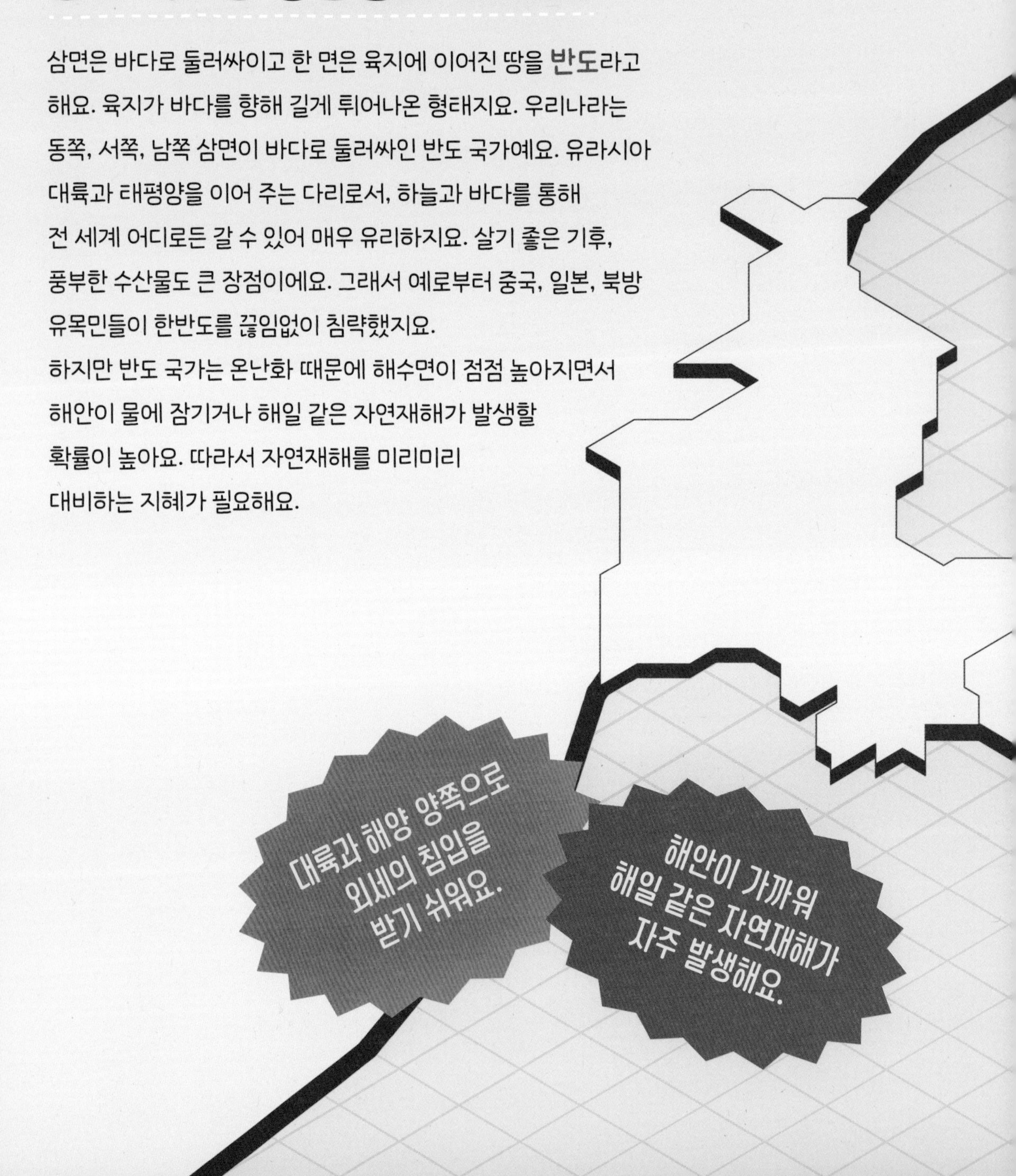

한 걸음 더!

현재 우리나라의 북쪽은 북한에 가로막혀 비행기나 배를 타야만 해외로 갈 수 있어요. 그러나 통일이 되면 자동차를 타고 중국과 러시아를 거쳐 유럽까지 여행할 수 있어요.

우리나라 지형의 특징이 뭐예요?

땅의 모양을 **지형**이라고 하는데, 우리나라에는 산·강·평야·해안 등 다양한 지형이 있어요. 다행히 지진이나 화산 활동은 적어요.
우리나라는 국토의 약 70퍼센트가 산이에요. 높고 험한 산은 대부분 북쪽과 동쪽에 몰려 있지요. 이처럼 동쪽이 높고 서쪽이 낮은 **동고서저** 지형이어서 큰 하천은 대부분 동쪽에서 서쪽으로 흘러요. 자연스레 비교적 낮은 평야는 서쪽에 발달했지요. 그리고 삼면이 동해·서해·남해로 둘러싸여 있고 섬도 많아요. 서해안과 남해안은 해안선이 복잡하고, 동해안은 해안선이 단조로워요.

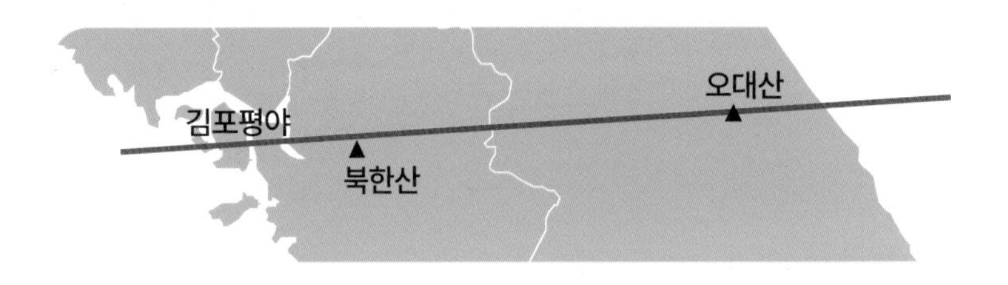

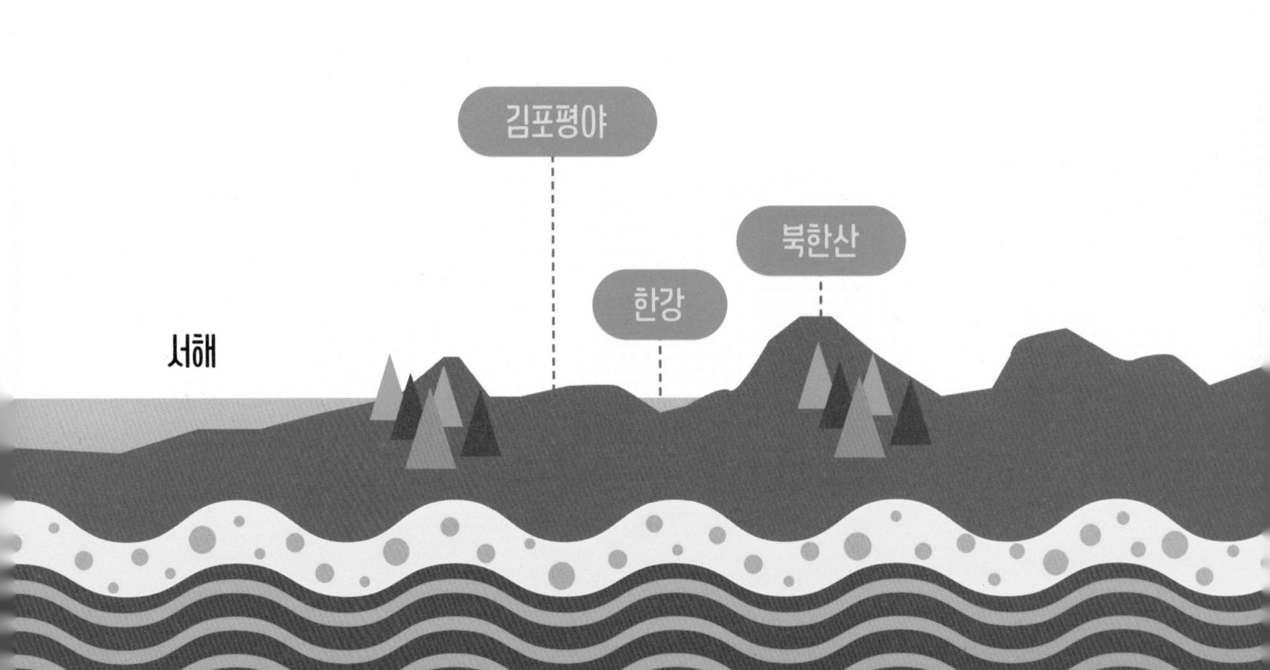

산과 강 때문에 사투리가 생겼나요?

옛날에는 교통수단이 발달하지 않아, 높은 산이나 강에 가로막힌 지역들은 서로 오가기 어려웠어요. 그래서 산과 강을 경계로 생활 양식과 문화가 다르게 발전했지요. 경상도·전라도·충청도에서 각각 고유한 사투리를 쓰는 것도 바로 산과 강 때문이랍니다.

정답 O

산지는 어떤 곳이에요?

산은 주변의 땅보다 높게 솟은 곳으로, 높이가 수백 미터나 되고 생김새도 복잡해요. 이러한 산들이 모여 있는 곳을 **산지**, 여러 개의 산이 줄기처럼 이어지면 **산맥**이라고 해요. 우리나라에서 가장 높은 산은 백두산이고, 남쪽에는 2,000미터가 넘는 산이 없어요. 산은 우리에게 맑은 공기와 깨끗한 물을 주며, 생물 다양성을 품고 있는 공간이에요. 그래서 예로부터 산을 등지고 물이 앞에 있는 곳에 살면서 채소·약초를 재배하고, 가축을 기르고, 목재를 얻었어요. 특히 산으로 둘러싸인 분지는 비가 적고 햇볕이 많아 맛있는 과일과 다양한 채소가 나지요. 또한 산지는 설악산, 지리산 같은 국립공원이 많아 중요한 관광 자원인 동시에, 지하자원과 삼림 자원을 공급해 주어요.

OX QUIZ

산지에 관광지가 많을수록 좋나요?

스키장, 골프장 등이 들어서면 지역이 발전되고 경제가 살아나지만, 환경과 생태계는 엉망이 될 거예요. 무리한 관광지 개발보다는 우리에게 중요한 자산인 산지를 지키려는 노력이 필요해요. 정답✕

지리산 1,915

설악산 1,708

금강산 1,638

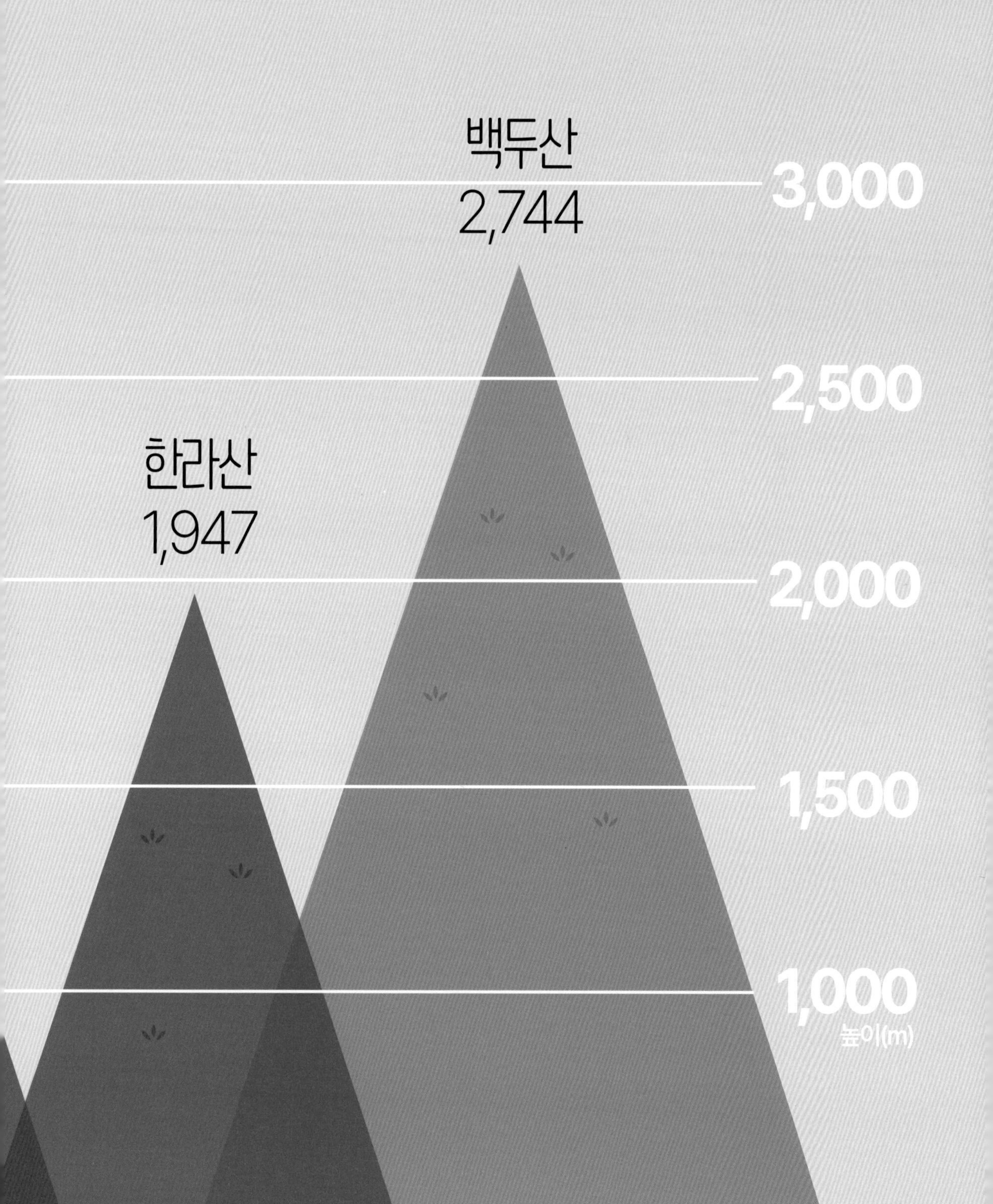
백두산
2,744
한라산
1,947
3,000
2,500
2,000
1,500
1,000
높이(m)

하천은 어떤 곳이에요?

하천은 빗물이 모여 흘러가는 물길을 뜻해요. 비교적 규모가 큰 강과 시냇물처럼 작은 물길인 천이 모두 하천이에요. 우리나라 하천은 동쪽의 높은 산줄기 때문에 주로 높은 동쪽에서 낮은 서남쪽으로 흘러가요. 이때 하천이 땅을 깎고(침식) 강바닥을 깊게 파서 폭포나 절벽처럼 멋진 경치를 만들지요. 우리나라 하천은 계절에 따라 내리는 비의 양이 달라서 하천의 물높이 변화가 커요. 비가 많이 오는 여름에는 하천이 넘쳐서 홍수가 나고, 반대로 봄·가을·겨울에는 물이 말라 하천이 바닥을 보이기도 하지요. 이처럼 물높이가 들쑥날쑥해 유럽의 하천처럼 큰 배가 다니기 어려워요.

빗물이 땅속으로도 흘러들어요.

한 걸음 더!

하천은 우리 삶에 아주 중요한 자원이에요. 농사를 짓는 데 필요한 물, 우리가 마시는 물은 모두 하천에서 얻어요. 그래서 예로부터 하천 주변에 터를 잡고 살았지요. 또 하천을 이용해 전기를 만들기도 해요. 계곡의 물을 막아 만든 댐으로는 수력 발전*을 한답니다.

*수력 발전 물의 힘을 이용해 발전기를 돌려서 전기를 일으키는 방식

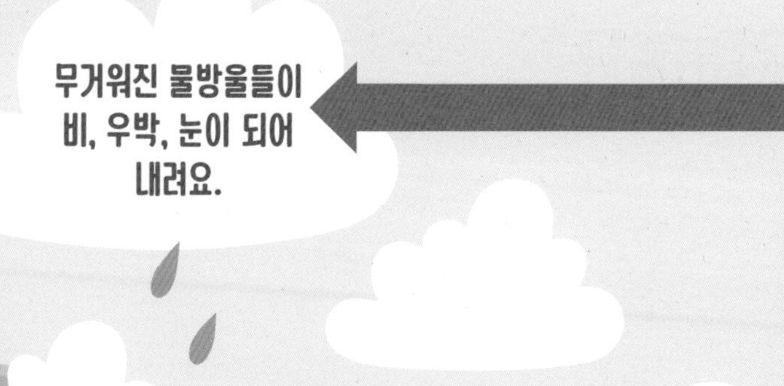

구름 속 물방울들이
점점 커지고
무거워져요.

빗물이
개천, 강, 바다로
흘러들어요.

태양열을 받은 물 표면이
수증기가 되어 하늘로 올라가요.
식으면 물방울이 되고
구름을 만들어요.

지하수

평야는 어떤 곳이에요?

평야는 넓고 평평한 땅을 뜻해요. 평야는 크게 두 가지 방법으로 만들어져요. 첫째, 산지가 오랫동안 깎여 나가다 보면 높이가 낮아지고 평평해져요. 이렇게 깎인 땅을 **침식 평야**라고 해요. 둘째, 하천이 산지를 흐르면서 흙을 깎아 함께 이동하다가 평평한 곳을 만나면 자갈과 모래가 쌓이고 강물은 땅속으로 스며들어요. 이렇게 만들어진 평야를 **충적 평야**라고 합니다. 특히 충적 평야는 농사를 짓기에 알맞아요. 주변에 하천이 흘러서 농업용수가 풍부하고 기름진 흙과 모래 덕분에 농사가 잘되기 때문이죠. 한강, 낙동강, 금강 주변에 있는 김포평야, 김해평야, 호남평야가 바로 충적 평야예요. 또한 땅이 평평해서 마을·공장 등을 세우기에도 좋아요. 그래서 사람들이 자연스레 모이면서 살기 편한 도시로 성장하기도 해요.

한 걸음 더!

간혹 높은 산지로 둘러싸인 곳에 접시처럼 넓고 평평한 땅이 생기기도 해요. 그릇처럼 오목하게 파인 이 땅을 '분지'라고 불러요. 분지는 산지 지역에서 여러 개의 하천이 만나 침식 작용이 활발하게 일어날 때 잘 생깁니다. 분지는 물이 풍부하고, 겨울에는 차가운 바람을 막아 주지요. 그래서 많은 사람들이 분지에 모여 살면서 도시가 형성돼요. 대전, 충주, 전주, 대구가 바로 분지 위에 발달한 도시예요.

급경사

물길

충적 평야
꼭지점

충적 평야 시작점

충적 평야

하천

해안은 어떤 곳이에요?

해안은 바다와 육지가 맞닿은 부분이에요. 우리나라 해안선은 길이가 1만 7,361킬로미터로, 각 해안의 모양이 달라요.
동해안은 거의 일직선으로 단조로운 반면, 서해안과 남해안은 드나듦이 심해서 복잡해요. 바다를 향해 튀어나온 '반도'와 육지 쪽으로 들어간 '만'이 계속 반복되지요. 이처럼 들쭉날쭉한 해안을 **리아시스식 해안**이라고 해요.
동해안은 물이 맑고 모래 해안이 많아 해수욕하기 좋아요.
남해안은 2천여 개의 섬이 있어서 '섬이 많은 바다'라는 뜻의 '다도해'로도 불려요. 아름다운 경치가 일품이지요.
서해안은 밀물과 썰물의 차가 커서 갯벌이 넓게 형성되어 있어요. '바다의 밭'이라고도 하는데 굴, 조개, 게, 망둥어, 낙지 등이 많이 살아서 우리에게 풍부한 먹거리를 제공하기 때문이죠. 또한 갯벌은 육지에서 바다로 흘러드는 오염 물질을 걸러 주고, 태풍으로 발생하는 큰 파도를 막아서 육지의 피해를 줄여 준답니다.

서해안은
물이 얕고
갯벌이 형성되어
있어요.

간척으로 땅을 계속 넓혀야 할까요?

OX QUIZ

'간척'은 만을 둑으로 막고 갯벌을 메꾸어 육지로 바꾸는 거예요. 그곳에 논밭, 공장, 관광지가 생기면 경제에 도움이 되니까요. 인천 국제공항도 간척한 땅 위에 지어졌지요. 그러나 무분별한 간척 사업은 환경을 오염시키고 생태계를 파괴해요. 따라서 다양한 생물의 터전인 갯벌을 보존하는 것이 훨씬 중요해요.

정답 X

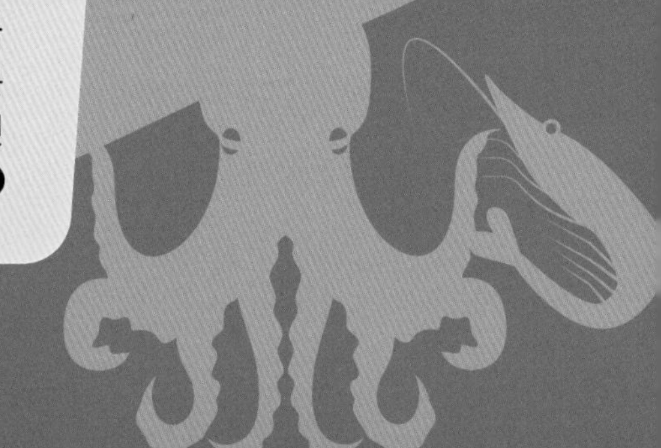

해안선 길이

17,361Km

동해안은
해안선이
단조롭고
물이 깊어요.

남해안은
반도, 만, 섬이 많아서
해안선이 복잡해요.

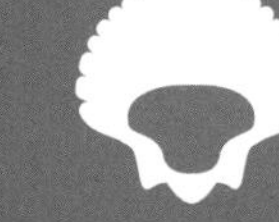

3장

우리나라의 기후와 생태

날씨와 기후는 어떻게 달라요?

흔히 기후와 날씨를 섞어서 사용하지만, 뜻이 서로 달라요.
날씨는 오늘이나 내일처럼 짧은 기간 동안의 하늘 상태를
말해요. 덥거나 춥거나 비가 오거나 바람이 부는 것을
포함해서요. 날씨는 '기상' 또는 '일기'라고도 하는데,
여러분의 기분이 날마다 다른 것처럼 날씨는 매일 변해요.
기후는 특정한 지역의 날씨를 보통 30년 이상 살펴본
평균값이에요. 쉽게 말하면, 한 지역에서 매년 반복되는
날씨를 통틀어 가리킬 때 '기후'라는 표현을 써요.
기후는 사람의 성격처럼 쉽게 바뀌지 않아요.
그래서 인간의 생활에 많은 영향을 미쳐요.

기후

한 장소에서 오랫동안 나타난 날씨예요.

변화의 속도가 느려서 오랜 기간에 걸쳐 바뀌어요.

비, 구름, 바람, 기온, 습도 등 대기의 모든 특성을 종합해서 말해요.

날씨

대기에서 날마다 일어나는 현상이에요.

시시각각 변해요.

비, 구름, 바람, 기온 등 여러 대기 현상 중 하나예요.

반짝 퀴즈

다음 문장에서 틀린 낱말을 찾아 바르게 고치세요.

1. 오늘 기후 예보에서 그러는데 아침 기온이 영하 5도래. (→)

2. 세계의 날씨는 열대, 온대, 냉대, 한대, 건조로 구분해. (→)

정답 1. 기후→날씨 2. 날씨→기후

지역마다 기후가 다르다고요?

우리나라는 한반도가 남북으로 길게 펼쳐져 있어 지역마다 기후가 달라요. 보통 남쪽으로 갈수록 따뜻하고 북쪽으로 갈수록 추워져요. 북동부 개마고원과 고산 지대는 여름에는 서늘하고 겨울철이 매서운 아한대예요. 북부 및 중북부는 서늘한 냉대이고, 중부와 남부는 사계절이 뚜렷한 온대지요. 제주도는 기온이 높아 아열대 기후에 가까워요. 그리고 내륙보다 해안 지역이 여름에 더 시원하고 겨울에 더 따뜻하지요.

이처럼 지역마다 기후가 다른 이유는 위도, 땅의 생김새, 바다와 얼마나 떨어져 있는지 등 지리적 조건이 다르기 때문이에요. 위도에 따라 태양 에너지가 달라서 기온이 차이가 나고, 땅의 모양에 따라 기온, 강수량, 바람이 달라진답니다.

한 걸음 더!

우리는 사계절이 뚜렷한 기후에서 살고 있어요. 봄과 가을은 햇볕이 강하고 하늘이 맑으며, 여름에는 무덥고 비가 많이 내리고, 겨울에는 춥고 눈이 내려요. 그런데 온난화로 인해 우리나라의 평균 기온이 계속 올라서 점점 더워지고 있어요. 이대로라면 우리나라도 아열대 기후로 변할 거라고 많은 학자들이 예측하고 있답니다.

겨울에는 차갑고 건조한
북서풍이 불어와요.
개마 고원
• 계절풍
계절에 따라 다르게 부는 바람을 '계절풍'이라고 해요. 육지와 바다의 온도 차이 때문에 여름에는 바다에서 육지로, 겨울에는 육지에서 바다로 분답니다.
여름에는 덥고 습한
남동풍이 불어와요.

기후에 따라 생활 모습이 다르다고요?

기후는 우리의 의식주 생활 양식에 많은 영향을 주어요.

옛날 우리 조상들은 여름에는 무더위를 견디기 위해 바람이 잘 통하고 몸에 붙지 않는 모시옷과 삼베옷을 입었어요. 겨울에는 목화솜을 넣은 무명옷을 여러 겹 껴입고 추위를 이겨 냈지요.

기후는 우리가 먹는 음식에도 영향을 미쳐요. 기후에 따라 기르거나 잡을 수 있는 농작물, 축산물, 수산물이 다르기 때문이죠. 또한 조리법도 기후에 따라 달라서 추운 북부 지방은 싱겁게, 더운 남쪽 지방은 짜게 먹는답니다.

한편 북부 지방의 집은 추운 바람을 막기 위해 폐쇄형(ㅁ자 모양)으로 지었어요. 그리고 방바닥을 데워서 공기를 따뜻하게 유지하는 '온돌'이 발달했지요. 반대로 더운 남부 지방의 집은 바람이 시원하게 잘 통하는 개방형(一자 모양)이 많아요.

이처럼 우리는 기후에 맞춰 알맞은 생활 양식을 발전시켜 왔어요.

한 걸음 더!

북부 지방은 싱겁게, 남부 지방은 짜게 먹는 이유가 뭘까요? 기온이 높으면 음식이 쉽게 상해요. 그런데 소금에 절이면 음식을 좀 더 오래 보관할 수 있어요. 그래서 더운 남부 지방의 음식이 짠 거예요. 반대로 추운 북부 지방의 음식은 싱거워요. 날씨가 냉장고처럼 차서 음식이 상할 염려가 없거든요.

지역별 전통 가옥 구조

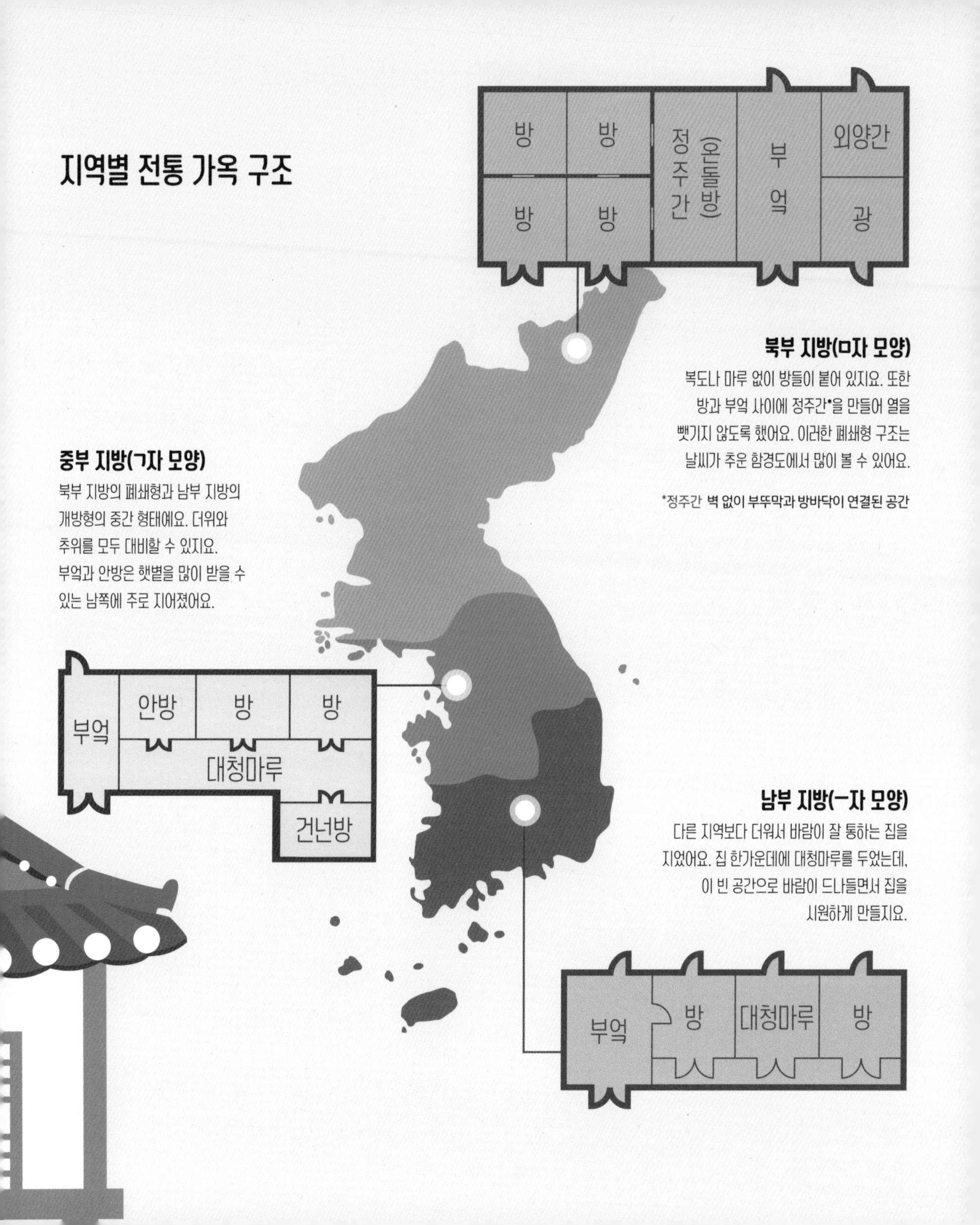

북부 지방(ㅁ자 모양)

복도나 마루 없이 방들이 붙어 있지요. 또한 방과 부엌 사이에 정주간*을 만들어 열을 뺏기지 않도록 했어요. 이러한 폐쇄형 구조는 날씨가 추운 함경도에서 많이 볼 수 있어요.

*정주간 **벽 없이 부뚜막과 방바닥이 연결된 공간**

중부 지방(ㄱ자 모양)

북부 지방의 폐쇄형과 남부 지방의 개방형의 중간 형태예요. 더위와 추위를 모두 대비할 수 있지요. 부엌과 안방은 햇볕을 많이 받을 수 있는 남쪽에 주로 지어졌어요.

남부 지방(ㅡ자 모양)

다른 지역보다 더워서 바람이 잘 통하는 집을 지었어요. 집 한가운데에 대청마루를 두었는데, 이 빈 공간으로 바람이 드나들면서 집을 시원하게 만들지요.

기후 변화가 보내는 경고가 뭐예요?

기후 변화는 일정 지역에서 오랜 기간에 걸쳐 기후가 크게 달라졌다는 뜻이에요. 18세기 산업 혁명 이전의 기후 변화는 일종의 자연 현상이었지요. 그러나 인구가 늘고 산업화, 도시화가 빠르게 진행되면서 인간이 기후를 바꾸기 시작했어요. 특히 지구의 평균 온도가 점점 올라가는 **온난화** 문제가 매우 심각해요. 온난화 때문에 빙하가 녹아내려 해수면이 상승하고, 이로 인해 이상 고온, 집중 호우, 폭설, 한파 같은 기상 이변이 나타나기 때문이지요. 기상 이변이 계속되면 생태계가 파괴되고 멸종 동물이 늘어나면서 그 피해는 고스란히 인간에게 돌아와요. 따라서 온난화를 부추기는 이산화탄소, 메탄 같은 온실 기체를 줄이기 위해 애써야 해요. 나부터 에너지와 자원을 아끼고 숲을 잘 가꾸는 노력이 필요하답니다.

아래의 빈칸에 공통적으로 들어갈 낱말을 적으세요.

기후 변화와 (   )은 서로 다른 말이에요. (   )은 기온이나 강수량이 정상적인 상태를 벗어나 매우 높거나 매우 낮은 것을 말해요.

정답 기상 이변

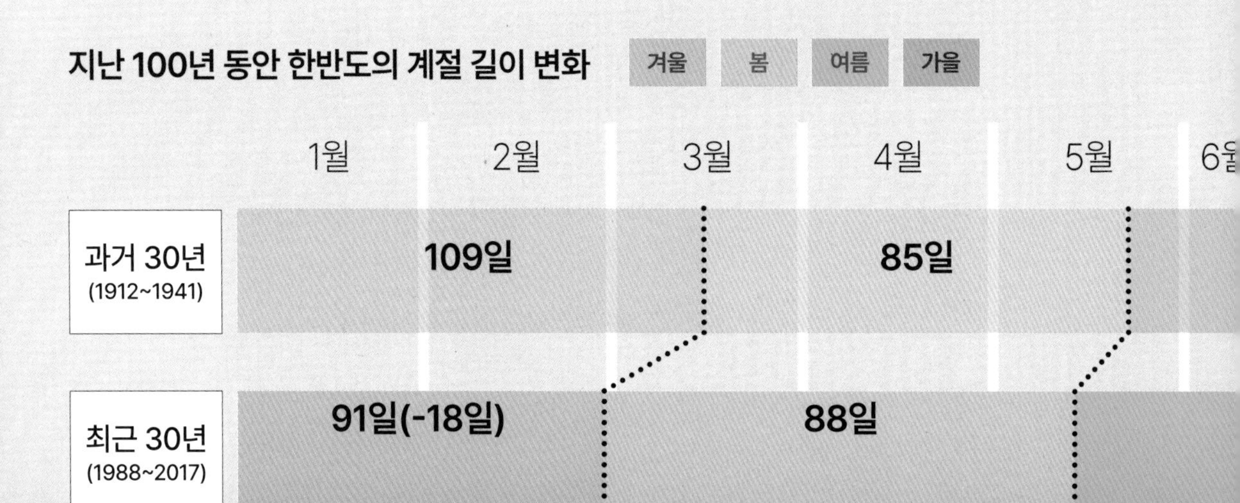

과거 30년 평균
(1912~1941)
1181.4mm

124.1mm 증가

최근 30년 평균
(1988~2017)
1305.5mm

연평균 기온

2050년 16℃

30년간
2.8도 상승
(전망치)

2020년 13.2℃

10년간 0.9도 상승

2010년 12.3℃

100년간 1.8도 상승

1912년 10.5℃

평균 해수면 상승률

지난 30년
(1989~2022)
연 3.41mm

해수면 상승률이
1.3배 높아졌어요.
최근 해수면 상승 속도가
빨라지고 있다는 뜻이에요.

최근 10년
(2013~2022)
연 4.51mm

7월 8월 9월 10월 11월 12월

98일 73일

117일 (+19일) 69일

기후 변화는 생태계에 어떤 영향을 주나요?

기후 변화로 인해 봄이 앞당겨지고 꽃이 일찍 피자, 꽃가루를 옮겨 번식을
돕는 곤충과 새들이 제때 깨어나거나 이동하지 못해 혼란에 빠졌어요.
겨울철 하천에서 왜가리·백로 등 여름 철새가 보이는 것도 기후 변화
때문에 생긴 현상이에요.
뿐만 아니라 기후 변화 때문에 작물의 재배지도 크게 바뀌었어요.
제주도 특산품이던 한라봉은 이제 충주·정읍에서도 생산되고 있어요.
제주도에서는 열대 과일인 망고·용과를 재배하고 있지요.
대관령·매봉산 등 서늘한 산지에서 배추·무·감자를 기르는
고랭지 농업도 온화한 날씨 때문에 점점 더 어려워지고 있어요.
바다에서는 명태·청어·연어 등 찬 바다에 사는 물고기가 줄고,
오징어·고등어·참치 등 따뜻한 물에 사는 물고기들이 많아졌어요.

걸음 더!

'생물권 보전 지역'은 생물 다양성을 지키기 위해 유네스코가 지정한 생태계를 말해요.
우리나라는 설악산, 백두산, 제주도, 다도해 해상 국립 공원 등이 생물권 보전 지역으로
지정되어 있지요. 천연기념물이 서식하는 천연 보호 구역과 비무장 지대(DMZ)의 자연
생태계도 꼭 보전해야 할 중요한 자원이에요.

열대 과일 재배 지도

(2023년 8월 기준)

산청(경남)
고흥(전남)
하동(경남)
평택(경기)

나주(전남)
정읍(전북)
충주(충북)

제주

진주(경남)
밀양(경남)

제주
해남(전남)
산청(경남)

대구
경주(경북)
함안(경남)
곡성(전남)

제주
부여(충남)
영광(전남)
통영(경남)
함안(경남)

제주
밀양(경남)
창원(경남)
통영(경남)

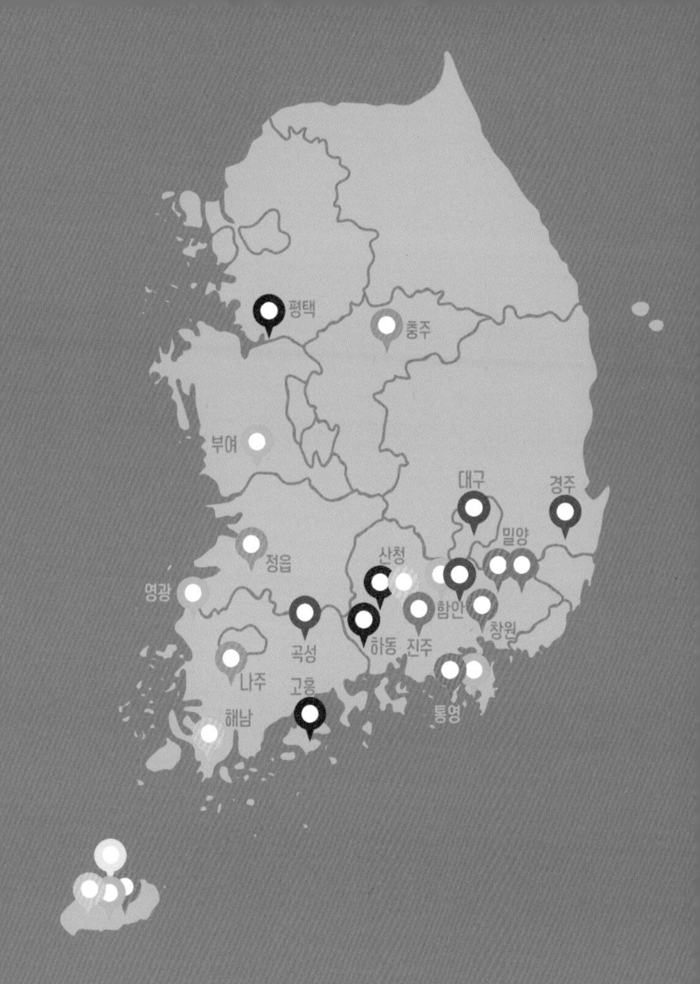

4장

우리나라의 인구

우리나라는 인구가 많나요?

한 나라나 일정한 지역에 사는 사람들의 수를 **인구**라고 해요. 우리나라 인구는 2024년 11월 기준 약 5,122만 명이었는데, 앞으로는 인구가 계속 줄어들 것으로 예상해요. 어린이와 일할 수 있는 젊은 인구가 점점 줄어드는 것은 사회적으로 큰 걱정거리예요.

그런데 인구가 감소하는 가장 큰 이유는 뭘까요? 바로 태어나는 아이가 적은 **저출생** 때문이에요. 1970년대만 해도 우리나라 여성 1명이 평균 3명 정도 아이를 낳았지만 지금은 1명에도 미치지 못해요. 현재 우리나라는 세계에서 출산율이 가장 낮은 나라로 꼽혀요. 육아와 높은 사교육비에 대한 부담이 크고, 출산한 여성의 사회 활동이 어렵기 때문이에요.

아이를 키울 때 가장 부담되는 것이 바로 교육비예요. 영유아 보육 시설을 늘리고, 무상 교육이나 교육 지원에 대한 정책이 더 많아진다면 출산을 꺼리는 사회 분위기가 많이 바뀔 거예요.

2022년 전 세계 국가별 출산율(단위: 명)

국가	출산율
니제르	6.91
콩고민주공화국	5.70
케냐	3.36
미국	1.70
일본	1.26
한국	0.78

인구 피라미드가 뭐예요?

인구 변화를 한눈에 파악할 수 있게 만든 그래프가 인구 피라미드예요. 인구가 성별, 연령별로 어떻게 구성되어 있는지, 출생·사망·이사 등에 따라 어떻게 바뀌었는지 쉽게 알 수 있어요. 인구 피라미드는 크게 피라미드형, 종형, 방추형, 별형, 표주박형으로 나뉜답니다. 옆의 그래프를 보면 1960년대 우리나라는 어린이·청소년이 많고 노인은 적은 피라미드형이었어요. 그런데 2024년에 이르자 태어나는 아이와 사망하는 사람의 비율이 모두 낮아지면서 중간 연령층이 많은 방추형이 되었지요. 2070년에는 60대 이상의 사람이 많은 초고령 사회가 예상돼요. 그래서 인구 피라미드가 역삼각형 항아리 모양으로 바뀔 거예요.

별형은 도시형이라고도 해요. 젊은 사람들이 일자리를 찾아 대도시로 몰려들 때 해당 지역의 인구 피라미드가 이런 모양이 돼요. 반대로 표주박형은 농촌형으로, 젊은 인구가 일자리를 찾아 빠져나가는 농촌에서 주로 나타나요.

인구 피라미드

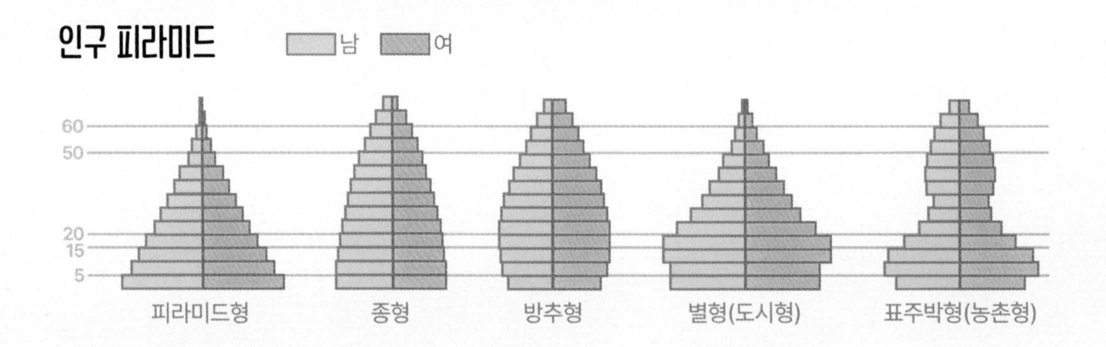

한 걸음 더!

사람들이 어디에 얼마나 살고 있는지 나타낸 것이 '인구 분포'예요. 인구가 몰려 있으면 '인구 밀집', 인구가 거의 없으면 '인구 희박'이라고 해요. 우리나라 사람들은 산지가 많은 동북쪽보다 농사짓기 좋고 기후도 온화한 남서쪽에 많이 살아요. 그리고 교통과 산업이 발달한 곳, 교육과 문화 시설이 잘되어 있는 곳에 몰려 살지요.

우리나라 인구 피라미드의 변화
1960년
70
60
20
10
2024년
90
70
60
20
10
2070년
100
80
20
10
남
여

사람들은 왜 이동하나요?

어느 지역이든 인구는 끊임없이 변해요. 바로 **인구 이동** 때문이에요. 자연환경이 좋거나 일자리가 많은 곳으로 이사를 가기도 하고, 다른 나라로 이민을 가는 경우도 있어요. 반대로 다른 나라 사람이 우리나라에 취업을 하거나 이민을 오기도 하지요.

1960년에는 우리나라 인구의 20퍼센트 정도만 서울과 수도권에 모여 살았어요. 그런데 수도권이 집중적으로 발달하면서 2021년에는 우리나라 국민의 70퍼센트 정도가 서울과 수도권, 광역시에 살고 있지요. 이처럼 특정 지역에 사람이 많이 모여 살면 일자리와 주택 부족, 교통 혼잡, 범죄 증가, 환경 오염 등 많은 문제가 발생해요. 반대로 농·어촌에서는 노인을 제외한 인구가 줄면서 지방이 사라질 것을 걱정하고 있답니다.

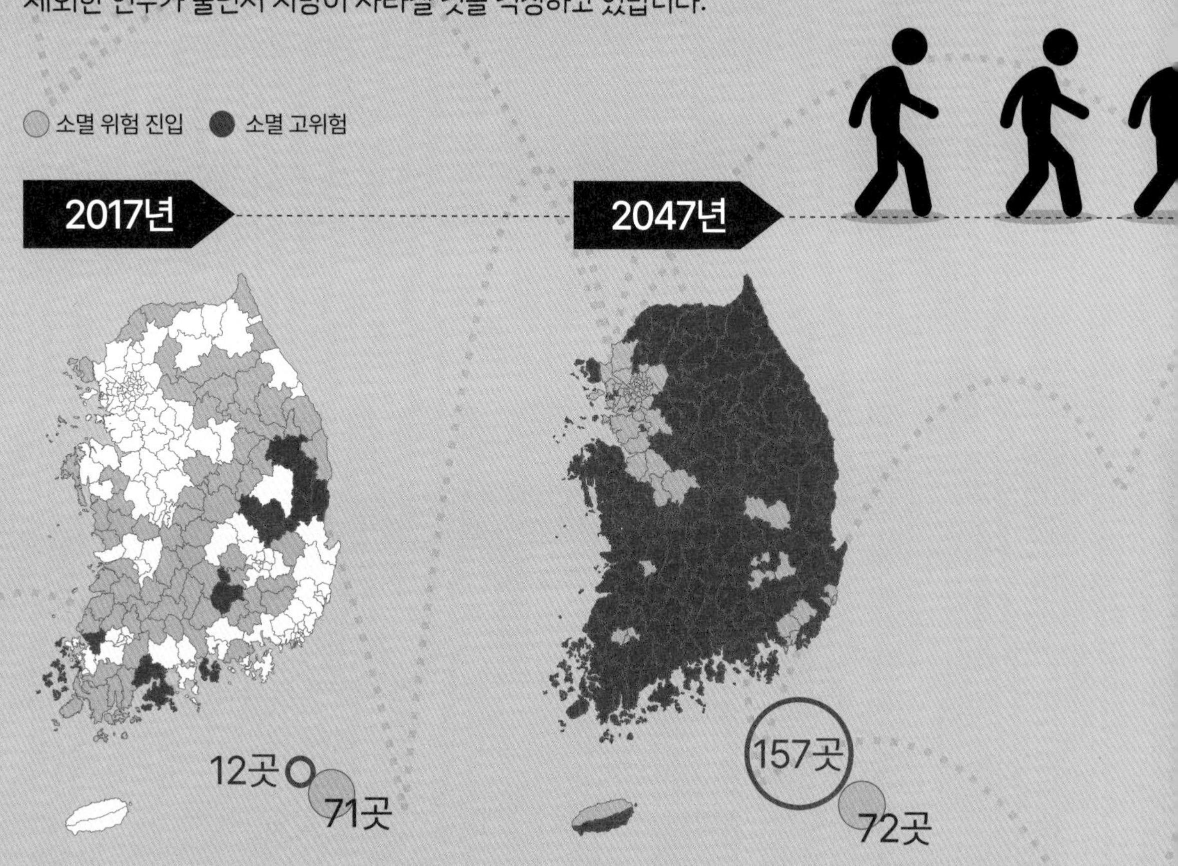

산업이 수도권에 집중되면서 지역 간 경제적 불균형도 커졌어요. 그래서 서울에 몰려 있는 행정 기관을 분리하기로 했지요. 그 결과 2012년에 행정 중심 복합 도시인 (   )가 만들어졌어요. 이처럼 공공 기관, 연구소, 기업, 대학 등을 옮겨 지방이 균형 있게 발전하도록 애쓰고 있어요.

정답 세종특별자치시

고령화 사회가 왜 안 좋아요?

65세 이상 노인 인구 비율이 7퍼센트 이상이면 고령화 사회, 14퍼센트 이상이면 고령 사회, 21퍼센트 이상이면 초고령 사회라고 해요.(UN 기준) 우리나라는 2017년에 65세 이상 노인이 14.2퍼센트로 고령 사회에 접어들었어요. 2025년에는 초고령 사회가 시작될 거라고 예측해요.
노인의 비율이 높은 곳은 경북·전남 등 농촌 지역이며, 도시와 공업 지역은 그나마 노인 비율이 낮은 편이에요.
이처럼 노인 인구가 계속 늘어나면 일할 수 있는 사람이 부족해서 나라의 경제가 어려워져요. 그리고 사회가 돌봐야 할 노인의 수가 늘어나는 것이어서 노인 복지 비용도 크게 늘어나지요. 그럼 세금을 많이 걷어야 해서 사회 전체적으로 살기 어려워져요.

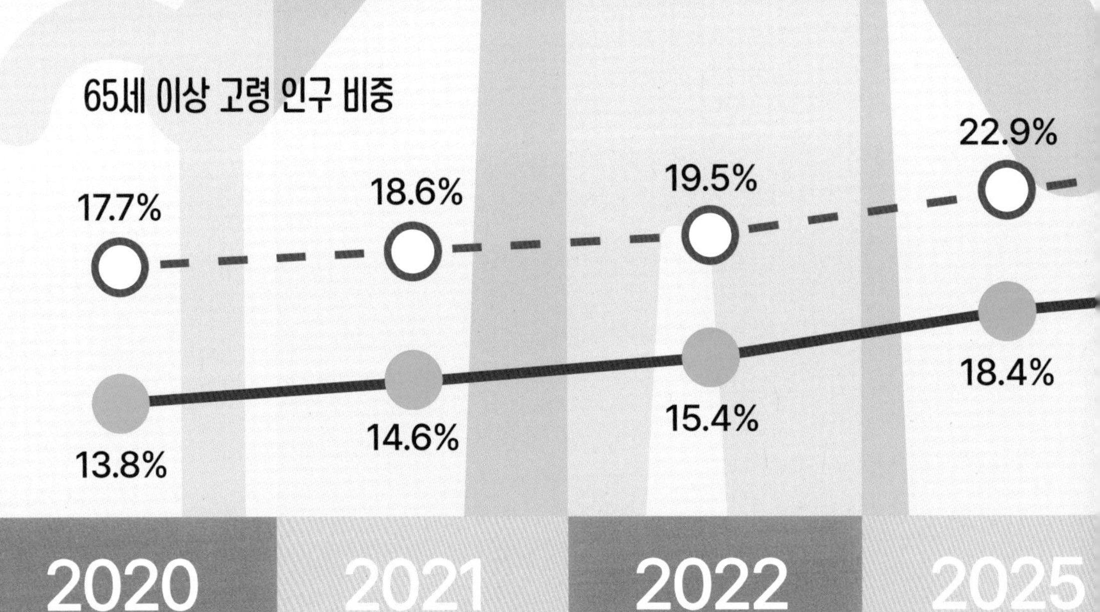

우리나라는 고령 사회에 들어선 만큼 직장을 떠나는 때인 정년을 늘리고, 노인의 일자리 마련에 신경 써야 해요. 평균 건강 상태가 좋아지면서 은퇴 이후에도 충분히 일할 수 있는 분들이 많아졌기 때문이죠. 일자리가 보장된다면 생계에 도움이 되고 보람된 노후를 보낼 수 있어요.

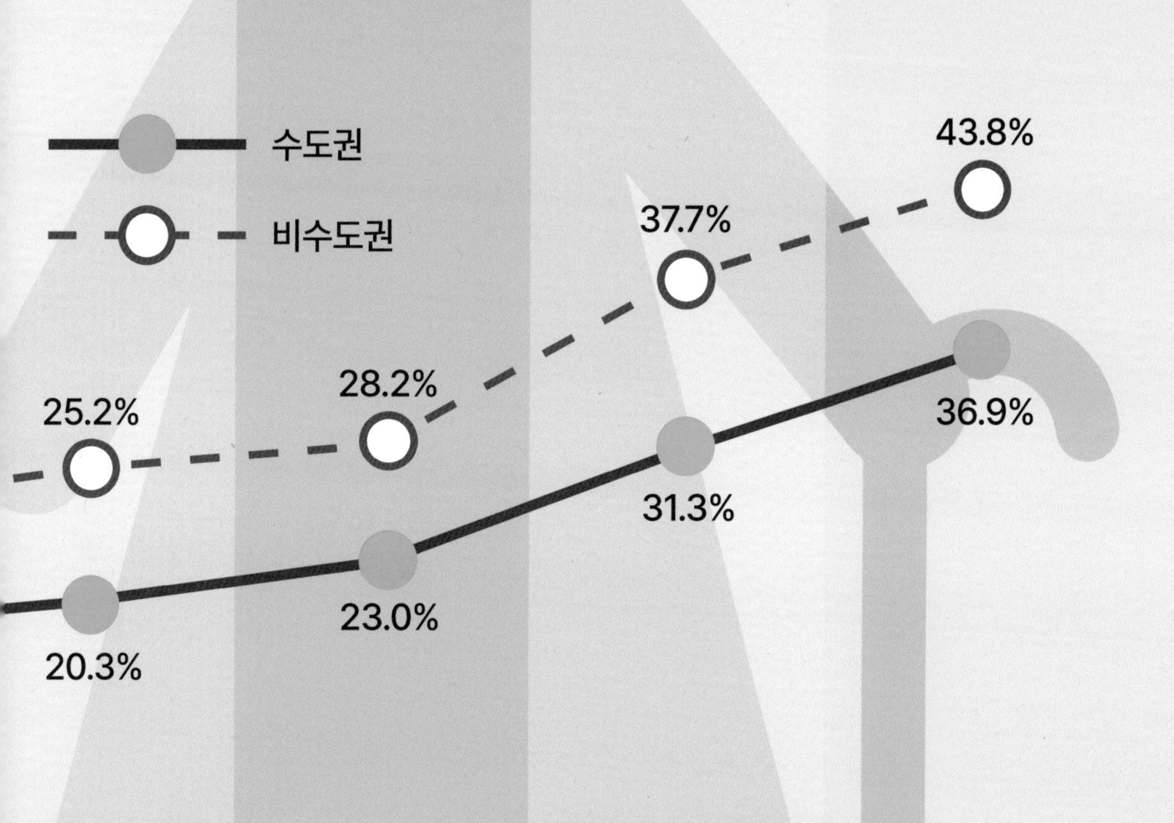

혼자 사는 사람이 왜 많아요?

우리나라는 혼자 사는 1인 가구가 빠르게 늘고 있어요. 2023년에 1인 가구의 비중이 전체 가구의 35퍼센트를 넘었고, 2050년에는 40퍼센트가 넘을 것으로 전망해요. 이렇게 1인 가구가 계속 증가하는 이유는 뭘까요? 가장 큰 이유는 결혼에 대한 생각이 많이 바뀌었기 때문이에요. 예전에는 결혼해서 가정을 꾸리는 것이 당연하다고 여겼어요. 하지만 지금은 개인적인 삶을 중시하는 문화가 우리 사회의 큰 흐름으로 자리잡으면서 결혼을 하지 않는 사람이 많아요. 한편으로는 결혼 비용이 부담되어서 결혼을 미루는 경우도 있지요. 그러나 결혼해서 아이를 낳아 기르며 행복한 삶을 누리는 사람들도 많답니다.
이 외에 새 일자리를 구하면서 독립하는 청년층의 증가, 자녀들과 따로 사는 노인 인구의 증가도 1인 가구가 계속 늘어나는 데 영향을 주고 있어요.

한 걸음 더!

예전에는 우리나라를 단일 민족 국가라고 했어요. 하지만 지금은 국제 교류의 증가로 약 200만 명의 외국인 근로자가 들어와 있고 국제 결혼도 크게 늘면서 우리나라도 다문화 사회로 진입했어요. 다문화 사회는 우리 문화를 보다 풍요롭게 만들어 주지만, 문화적 차이 때문에 갈등이나 차별이 발생하기도 해요. 이 문제를 해결하기 위해선 서로에 대한 존중과 열린 마음이 필요해요.

2050년 가구원수별 가구

1인 가구
41.2%

3인 가구
15.27%

4인 가구
6.87%

5인 가구
1.34%

5장

우리나라의 산업, 교통, 자원

산업이 뭐예요?

산업은 우리가 살아가는 데 필요한 것을 만드는 활동이에요. 농사를 짓고, 자동차를 만들고, 가게에서 물건을 파는 일처럼 생활에 필요한 물건이나 서비스를 만드는 모든 활동을 가리켜요.

산업은 크게 1차, 2차, 3차 산업으로 나뉘어요. 1차 산업은 농업·어업·축산업·임업처럼 자연에서 자원을 직접 얻는 산업이에요. 보통 경제 발전 수준이 낮은 경우 1차 산업에 집중되어 있지요. 2차 산업은 자원을 가공해 새로운 상품을 만드는 거예요. 제조업·건설업 등이 여기에 속하지요. 그런데 2차 산업은 어느 정도 생활이 풍족해지면 수요가 떨어져요. 대신 사람들의 다양한 욕구를 채워 주고 편리한 생활을 제공하는 서비스업이 발전하지요. 도소매업, 운수·유통업, 레저·관광 산업, 은행·보험·통신 같은 업종이 모두 서비스업이자 3차 산업이에요. 우리나라 산업에서 가장 큰 비중을 차지하며 게임, 관광, 영화처럼 사람들을 즐겁게 해 주는 문화 산업이 크게 발전하고 있지요.

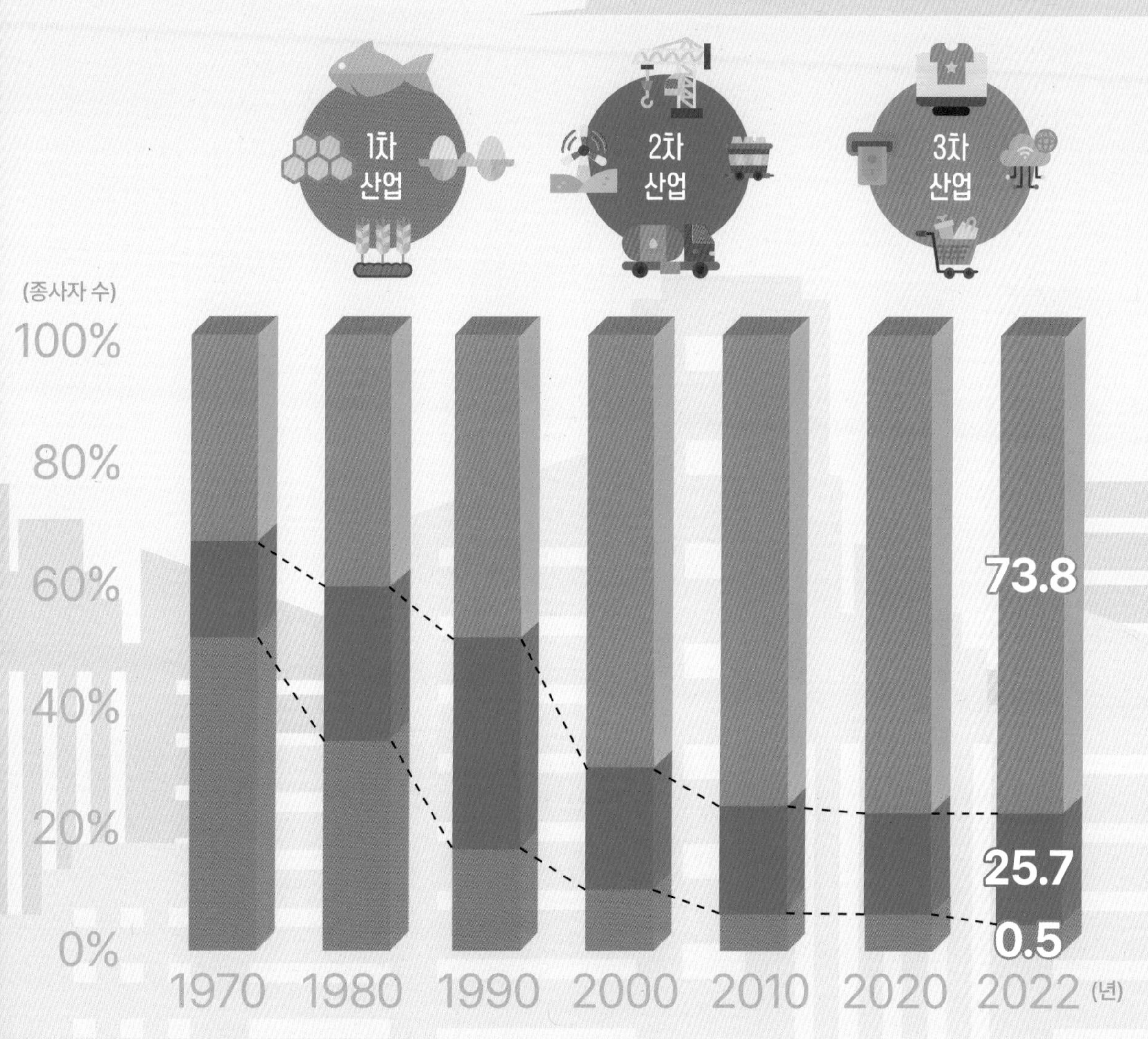

우리나라 산업 구조 변화
1차 산업
2차 산업
3차 산업
(종사자 수)
100%
80%
60%
40%
20%
0%
73.8
25.7
0.5
1970
1980
1990
2000
2010
2020
2022
(년)

왜 지역마다 발달한 산업이 달라요?

지역마다 자연환경, 교통, 생활 방식 등이 서로 달라요. 그래서 각 지역에 알맞은 산업이 다양하게 발달하는 거예요. 예를 들어 농업·어업·임업 같은 1차 산업은 평야·바다·산지 등 생산에 적합한 자연환경이 있는 곳에서 발달해요. 제조업은 원료를 얻기 쉽고, 만든 제품을 팔기도 좋은 곳에 공장을 세우지요. 예를 들어 철강, 배 등 무거운 제품을 만드는 중공업은 원자재를 수입하고 상품을 수출하기 편리한 해안 지역에 생겨요. 석회석이 나오는 산지에서는 시멘트 공업이 발달하고요. 그리고 교통이 편리하고 소비자가 많은 도시 지역은 대규모 공업과 서비스업이 발달한답니다.
한편 어떤 산업이 발달하냐에 따라 각 지역의 생활 모습이 많이 달라져요. 2~3차 산업이 발달한 곳은 일자리를 찾아 몰려온 사람들로 인구수가 증가하면서 대도시로 성장하는 경우가 많아요.

서울

우리나라에서 가장 큰 산업 중심지예요. 인구가 많고 소비 시장이 넓어서 서비스업, 운송업, 금융업 등 다양한 산업이 발달했어요.

대전

연구소와 대학교가 협력하면서 첨단 산업이 발달했어요. 생명 과학, 항공 우주, 에너지·자원 등 첨단 과학 기술을 개발하는 연구 기관이 모여 있어요.

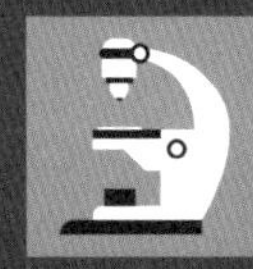

광주

자동차 산업과 관련된 여러 시설이 발달했어요.

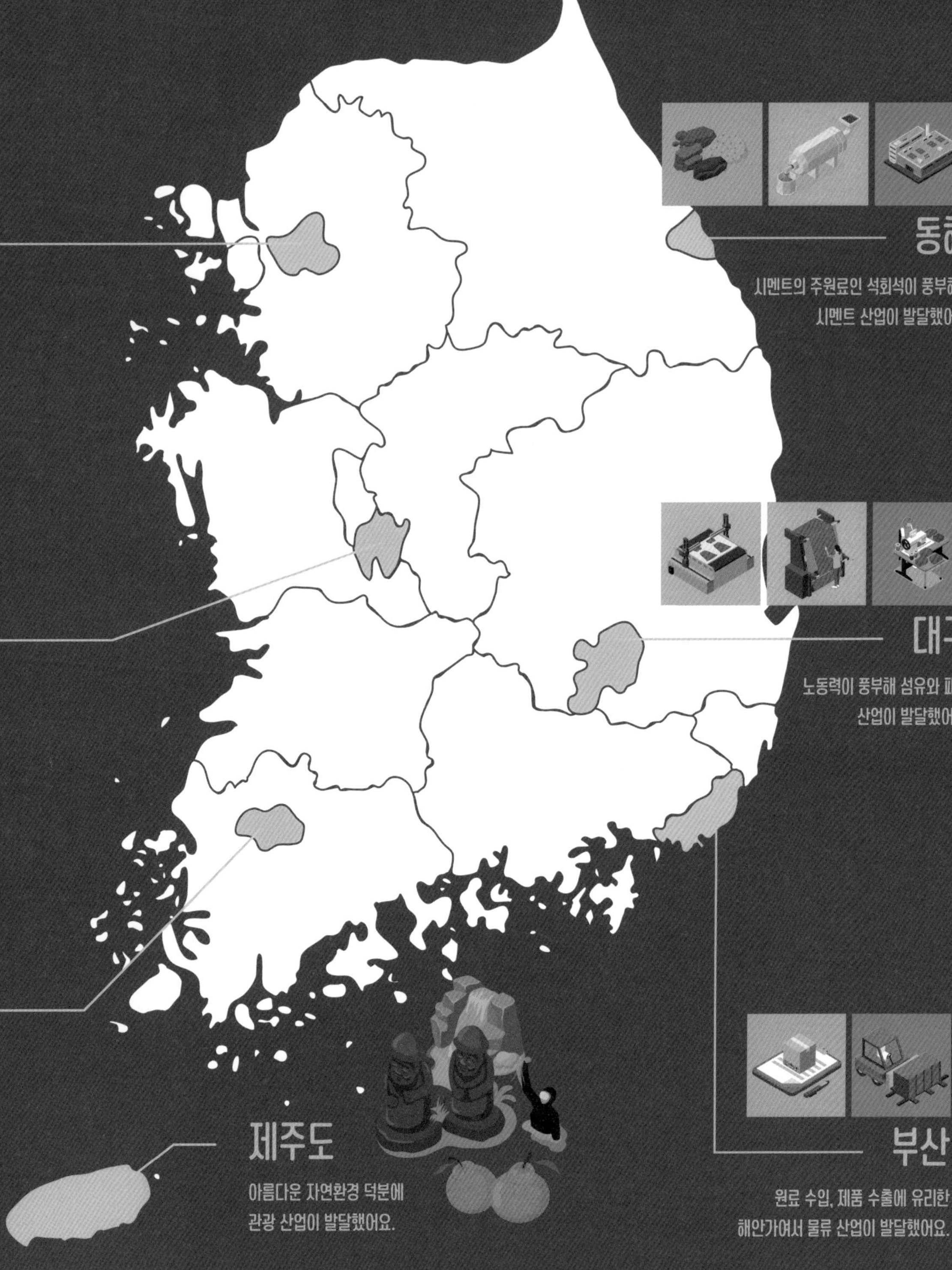

동해

시멘트의 주원료인 석회석이 풍부해서
시멘트 산업이 발달했어요.

대구

노동력이 풍부해 섬유와 패션
산업이 발달했어요.

제주도

아름다운 자연환경 덕분에
관광 산업이 발달했어요.

부산

원료 수입, 제품 수출에 유리한
해안가여서 물류 산업이 발달했어요.

미래에는 어떤 산업이 발달할까요?

과거에는 먹고사는 문제가 중요했기 때문에 자연으로부터 물품을 얻는 1차 산업과 필요한 물건을 생산하고 판매하는 2~3차 산업이 매우 중요했어요. 그러나 오늘날에는 경제적으로 안정을 이루고 수명도 길어지면서 건강 문제에 많은 관심을 갖게 되었어요. 그래서 생물의 특별한 기능을 이용해 건강에 유익한 물질을 만드는 생명 공학 기술이 나날이 발전하고 있어요. 미래의 바이오 산업이 난치병 치료, 수명 연장, 식량 문제 해결 등 삶의 질을 높여 줄 것으로 기대하고 있지요. 한편 기후 변화가 심각한 오늘날, 환경 산업도 미래 산업으로 각광받고 있어요. 환경 오염 측정 기계, 무공해 교통수단처럼 미래의 깨끗한 지구를 위한 다양한 환경 기술이 활발히 개발되고 있지요. 환경 산업은 더더욱 사람들의 관심과 지지를 받으며 빠르게 발전할 거예요.

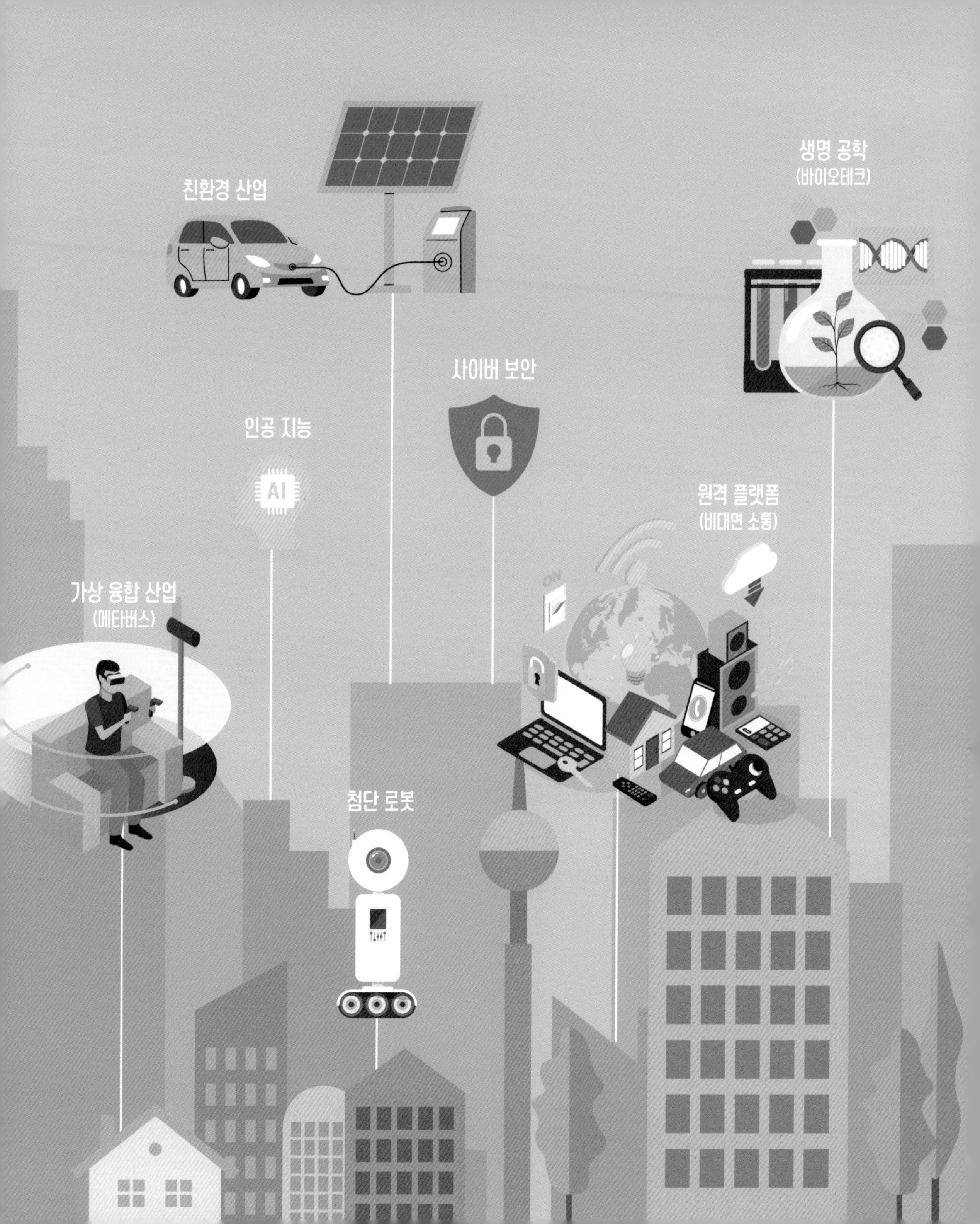

친환경 산업

생명 공학
(바이오테크)

사이버 보안

인공 지능

원격 플랫폼
(비대면 소통)

가상 융합 산업
(메타버스)

첨단 로봇

우리나라 교통은 언제부터 발전했어요?

우리나라는 1960년대 이후 교통이 크게 발전했어요. 특히 고속도로가 그물망처럼 촘촘하게 수많은 도시를 통과하면서 만들어졌고, 덕분에 사람과 물자를 아주 빠르게 나를 수 있었어요. 고속도로 외에도 항구, 공항의 수가 크게 늘어났고 고속 철도(KTX·SRT)도 개통되었지요. 예전에 철도는 화물을 운반하는 중요한 수단이었지만 도로가 발달하면서 화물을 나르는 역할이 크게 줄었어요.

한편 서울시와 광역시에는 지하철이 들어서면서 노선을 따라 교외에 위성 도시가 들어서게 되었지요. 이러한 교통 발달은 생활의 모습을 많이 바꾸어 놓았어요. 특히 경부고속도로 완공, 고속 철도 개통으로 전 국토가 1일 생활권, 반나절 생활권이 되면서 지역 간 교류가 활발해졌지요. 또한 제품 원료를 쉽고 빠르게 운반할 수 있게 되어 산업도 빠르게 발전했답니다.

한 걸음 더!

서울시의 자동차 수는 꾸준히 증가하고 있어요. 이로 인해 교통 체증, 교통사고, 매연 등도 계속 늘어나고 있지요. 그래서 대중교통이나 자전거를 보다 적극적으로 이용하려는 노력이 필요해요.

우리나라 교통수단 현황

시내버스

(시내 · 농어촌 · 마을)

정류장 160,308개소
노선 15,547개

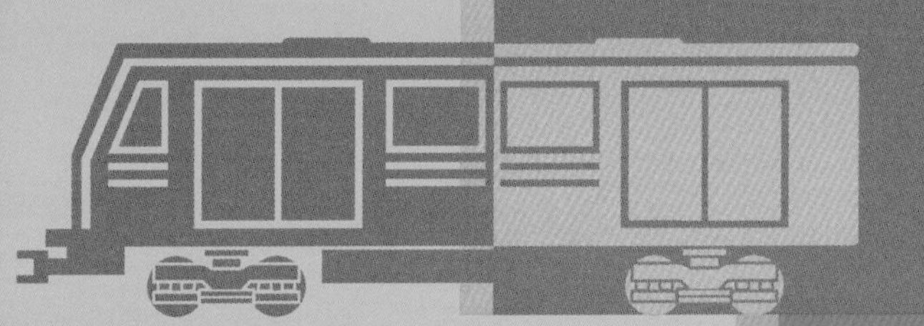

지하철(도시 철도)

29개 노선으로 하루 9,781회 운행

여객 열차

하루 평균 1,047회 운행

비행기

하루 평균 2,139대 운항

자원이 정확히 뭐예요?

자원은 우리가 생활하는 데 꼭 필요하거나 가치 있게 쓰이는 모든 것을 말해요. 특히 자연에서 얻는 자원을 **천연자원**이라고 불러요. 매일 마시는 물, 생활에 다양하게 활용되는 흙과 나무, 철광석·구리 같은 광물, 석유·석탄·천연가스 같은 화석 연료, 쌀·옥수수·고기 같은 식량 등이 모두 천연자원이지요.

사람도 자원에 속해요. 더 정확히 말하면 사람이 가진 능력과 기술을 뜻하지요. 직접 힘을 써서 물건을 나르거나, 장비를 써서 물건을 만들거나, 기술을 사용해 건물을 짓는 것처럼 사람의 기술과 노동력은 우리 삶에서 매우 중요한 **인적 자원**이랍니다.

마지막으로 아름다운 경치와 문화재, 유명한 영화나 음악도 관광 수입과 저작권 수익을 얻을 수 있는 **문화 자원**이에요.

인적 자원

사람의 기술과 노동력

석유는 재활용할 수 있나요?

OX QUIZ

석유나 석탄은 한 번 쓰면 그대로 없어져요. 그래서 이를 대체할 새로운 자원을 찾거나 개발해야 해요. 즉, 천연자원이라고 펑펑 쓰기보다는 미래와 환경 보호를 위해 아껴 써야 해요. 반면 철광석, 구리, 알루미늄은 재활용할 수 있어요. 그러니 버리지 말고 꼭 수거하는 것이 좋겠지요?

정답 X

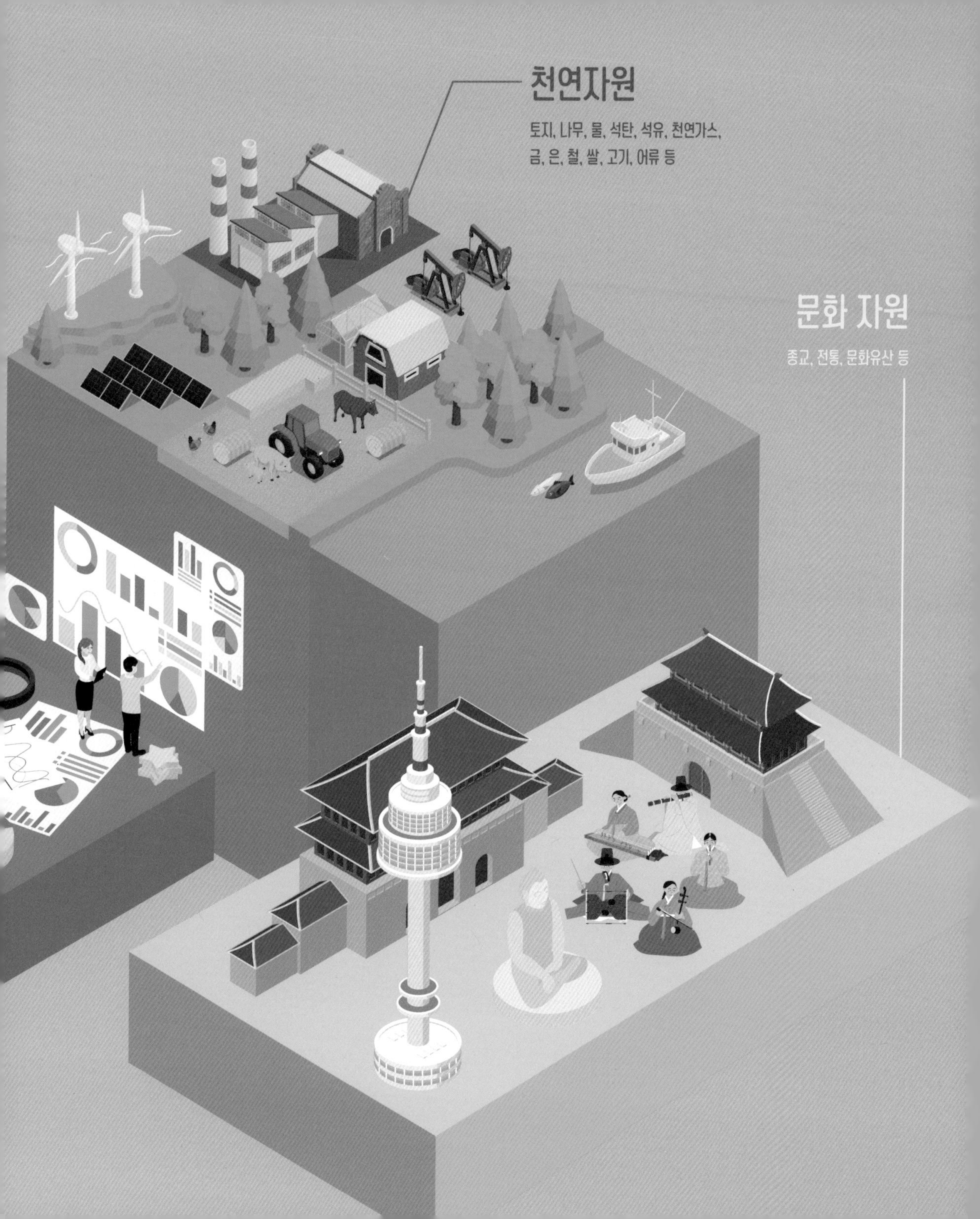
천연자원
토지, 나무, 물, 석탄, 석유, 천연가스,
금, 은, 철, 쌀, 고기, 어류 등
문화 자원
종교, 전통, 문화유산 등

우리나라는 자원이 많나요?

우리나라는 천연자원이 부족해요. 특히 여러 분야에서 다양하게 쓰이는 석유가 전혀 나지 않지요. 석유가 없으면 전기를 만들 수 없고, 자동차를 탈 수 없으며, 플라스틱 같은 제품을 만들기도 어려워요. 철광석도 부족해서 많은 양을 수입하고 있어요. 철광석은 우리나라의 주요 수출품인 자동차, 배 등을 만드는 원료이기 때문에 철광석이 많이 필요해요. 그나마 시멘트 원료인 석회석과 연탄 원료인 무연탄이 많이 생산되는 편이에요. 식량 자원의 수입도 점점 증가하고 있어요. 주식인 쌀은 우리나라에서 생산되는 물량으로 충분하지만 밀, 콩, 옥수수, 열대 과일, 고기, 생선 등을 꽤 많이 수입하고 있어요.

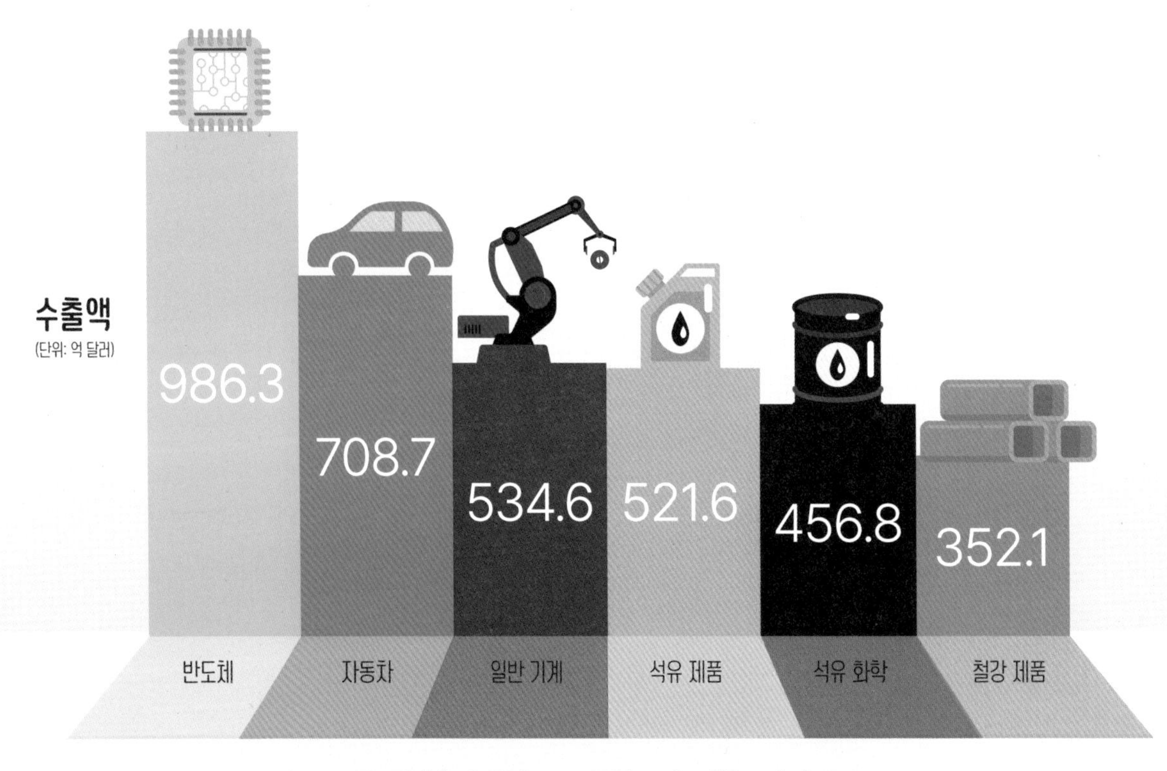

우리나라 6대 수출 상품

우리나라는 천연자원은 부족하지만 대신 뛰어난 인적 자원이 많아요. 훌륭한 기술력으로 제품을 만든 뒤 전 세계로 수출하고 있지요. 이러한 인적 자원 덕분에 우리나라 경제가 눈부시게 성장할 수 있었어요.

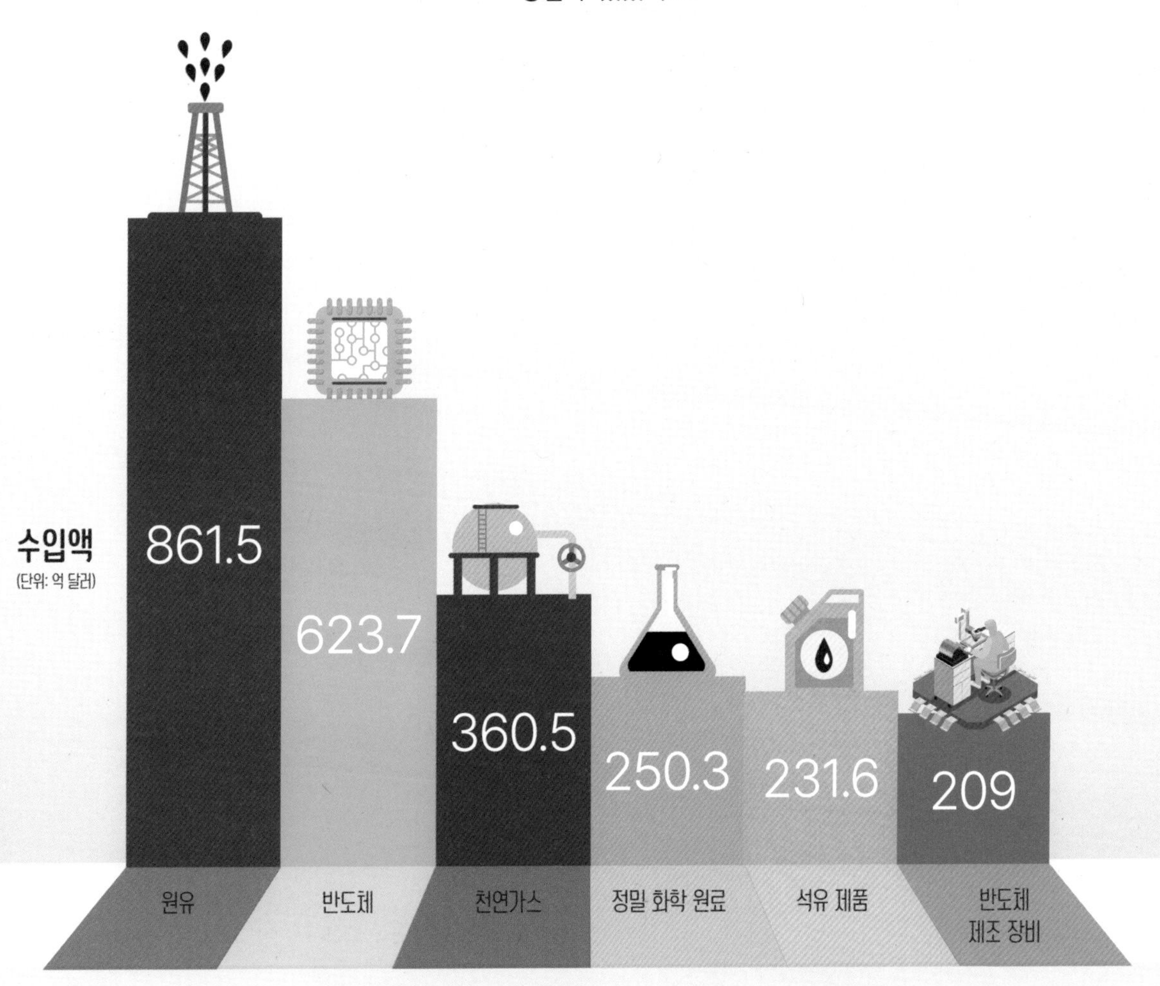

우리나라 6대 수입 상품

6장

우리나라의 도시와 촌락

사람들은 왜 도시에 많이 사나요?

사람들이 도시에 많이 사는 이유는 여러 기능이 모여 있어서 살기 편하기 때문이에요. 교통, 상업, 문화, 행정 등 많은 기능의 중심지인 도시는 사람도 많고 일자리도 다양하며 놀거리, 먹거리도 풍부해서 활기가 넘치지요. 하지만 한정된 공간에 많은 사람들이 모여 사는 만큼 인구 밀도가 높아요.

우리나라는 1960년대에 공업 위주로 산업이 발전하면서 도시가 빠르게 늘어났어요. 경부고속도로와 경부선을 따라 천안, 청주, 구미, 대구 등의 도시들이 커졌지요. 항만이 있는 울산, 포항, 창원, 거제, 광양, 서산, 동해 같은 산업 도시들도 함께 성장했어요. 이처럼 도시의 수가 늘어나고, 도시에 사는 인구가 늘어나는 것을 **도시화**라고 해요.

우리나라는 도시화가 얼마나 진행되었을까요? 이때 도시화율을 보면 금방 알 수 있어요.
도시화율은 인구 100명당 도시에 사는 인구수를 나타낸 거예요.

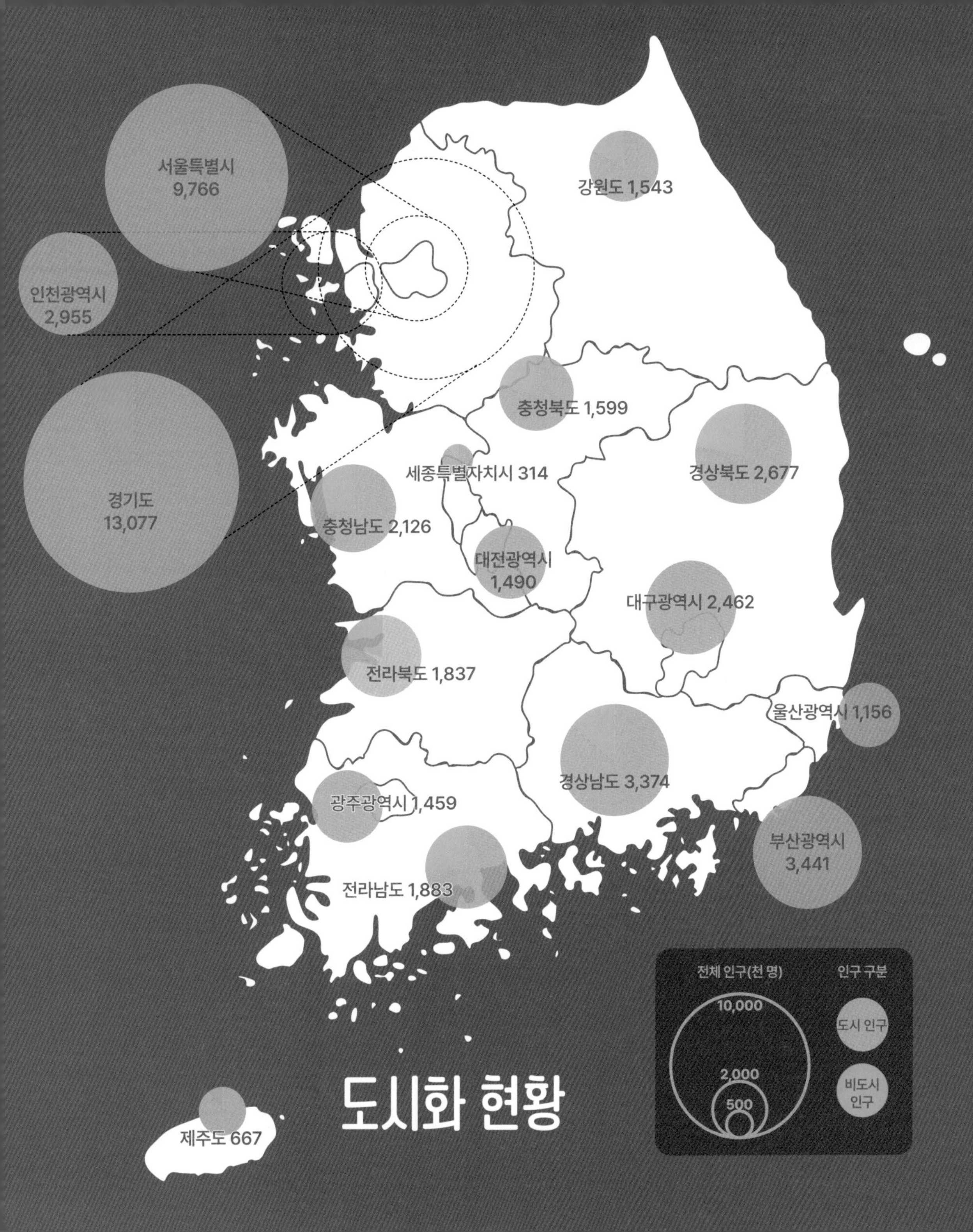
서울특별시 9,766
인천광역시 2,955
경기도 13,077
강원도 1,543
충청북도 1,599
세종특별자치시 314
경상북도 2,677
충청남도 2,126
대전광역시 1,490
대구광역시 2,462
전라북도 1,837
울산광역시 1,156
경상남도 3,374
광주광역시 1,459
부산광역시 3,441
전라남도 1,883
제주도 667
도시화 현황
전체 인구(천 명)
10,000
2,000
500
인구 구분
도시 인구
비도시 인구

도시 문제가 많이 심각한가요?

도시 인구가 급격하게 늘어나면서 많은 도시 문제가 나타났어요. 사람은 많고 주택의 수는 한정되어 있으니 살 집이 모자라고, 너도나도 자동차를 운전하여 다니다 보니 교통 혼잡은 더 심해졌지요. 그래서 수많은 집과 도로를 추가로 만들었는데, 이 과정에서 환경이 많이 파괴되었어요. 또한 자동차 매연과 사람들이 버리는 쓰레기 때문에 대기 오염, 환경 오염도 매우 심각해요. 따라서 자전거 도로를 늘리고 대중교통을 적극적으로 이용해야 해요. 자연을 파괴하는 무분별한 도시 개발을 자제하고, 태양열 같은 친환경 에너지를 적극 사용하도록 정부에서 많은 정책을 펴야 하지요.

도시의 혼잡을 줄이고 대도시가 더 이상 커지지 않도록 막는 방법 중 하나가 '위성 도시' 건설이에요. 도시에서 가까운 곳에 새 도시를 만들어 대도시의 기능을 나누는 것이지요. 예를 들면 행정 기능을 분담하는 과천시, 주거 기능을 분담하는 고양시, 군사 기능을 분담하는 의정부시가 위성 도시예요.

촌락에서는 어떻게 먹고사나요?

촌락은 농업, 어업, 임업에 종사하는 사람들이 모여 마을을 이룬 지역을 말해요. 이들은 직업이 비슷해서 함께 도우며 일하고, 보다 긴밀하게 소통하며 살아요. 촌락은 사람들이 어떤 자연환경에서 어떤 일을 하느냐에 따라 농촌, 어촌, 산지촌으로 나뉘어요. 농촌은 땅의 형태에 따라 농사의 종류가 다른데 평야에서는 논농사, 구릉지에서는 밭농사를 지어요. 완만한 산지에서는 과수원을 운영하지요. 어촌에서는 고기잡이가 제일 비중이 크지만 미역, 김, 굴, 조개, 게 등을 키우는 양식업도 활발하게 하고 있어요. 산지촌에서는 밭농사를 하거나 가축을 길러요. 목재, 약초, 산나물, 버섯 등을 재배하기도 하지요. 또한 도시 관광객을 위한 펜션, 음식점, 카페, 체험 시설 등도 늘고 있어요.

촌락은 보통 OOOO 지형에 많이 들어서요. 아래 설명을 읽고 맞혀 보세요.

OOOO는 뒤로는 산이 있어서 바람을 막아 주고, 앞으로는 강이 흘러서 물을 얻기 쉬운 곳을 말해요. 강이 가까이 있으면 농사를 지을 때 물을 얻기 쉽고, 산이 가까이 있으면 다양한 산림 자원을 얻을 수 있어요.

정답 배산임수

사람들은 왜 촌락을 떠나나요?

우리나라는 1960년대 이후부터 촌락의 젊은 사람들이 일자리가 많은 도시로 이동했어요. 도시는 학교, 백화점, 공공 기관, 병원, 극장 등 교육·문화 시설이 잘 갖추어져 있기 때문에 촌락보다 훨씬 살기 좋지요. 그래서 사람들이 도시에 터를 잡으면서 촌락으로 돌아가지 않게 되었어요. 결국 촌락에는 노인 인구만 남게 되자 자연히 일할 사람이 없어 노는 땅이 늘고 경제적인 손실도 점점 커졌지요. 폐교와 빈집도 빠르게 늘었고요. 이렇게 촌락의 인구가 계속 줄어들다가는 어떤 지역은 아예 사라질지도 몰라요.

한 걸음 더!

반대로 도시를 떠나 촌락으로 이동하는 사람들도 있어요. 생활비가 싼 데다 도시에 비해 깨끗한 자연환경 속에서 살 수 있기 때문이지요. 정부가 촌락으로 이사하는 사람들을 위해 농사지을 땅을 빌려주거나 촌락에 잘 적응할 수 있도록 다양한 지원 정책을 편다면, 촌락의 인구 감소 문제를 해결하는 데 조금은 도움이 될 거예요.

경기 2곳
인천 2곳
강원 12곳
충북 6곳
충남 9곳
경북 16곳
대구 2곳
전북 10곳
경남 11곳
부산 3곳
전남 16곳
우리나라
인구 감소 지역
(총 89곳)

7장

한눈에 보는 우리나라

서울특별시

우리나라의 수도인 서울특별시는 약 1천만 명이 모여 사는 대도시예요. 정치·경제·사회·문화·교통의 중심지이자 전 세계 관광객들이 찾아오는 세계적인 도시로 생동감이 넘치지요. 서울은 사방이 웅장한 산들로 에워싸여 있고 그 중심에는 한강이 흐르고 있어요. 조선의 건국과 함께 수도가 되면서 한양·한성으로 불렸고, 일제 강점기에 경성이라고 했으나 1945년부터 서울로 부르고 있지요. 백제 초기의 도읍지인 '위례성'에서부터 조선의 '한양'에 이르기까지 2천 년이 넘는 긴 역사를 가지고 있어서 역사 유적과 문화유산도 많이 남아 있어요.

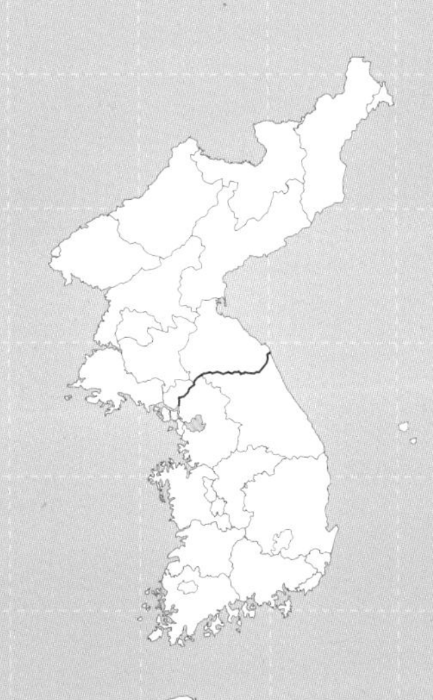

김포국제공항

한 걸음 더!

우리나라의 광역 자치 단체 중 서울만 유일하게 특별시라고 불러요. 그 이유는 다른 지역과 차별성을 두어 수도의 특성을 강화하기 위해서예요.

도봉산
수락산
북한산
태릉
한옥마을
망우역사문화공원
창덕궁
한양도성길
서울월드컵경기장
북촌한옥마을
경복궁
아차산
N서울타워
동대문디자인플라자(DDP)
서울역
서울 암사동 유적
서울식물원
서울숲
롯데월드타워
국립중앙박물관
국회의사당
63빌딩
목동
아이스링크
COEX
코엑스
서울종합운동장
디지털
산업 단지
국립서울현충원
대모산
구룡산
안양천
예술의전당
관악산
청계산

수도권

우리나라 제2의 항구 도시인 인천광역시, 서울을 둘러싸고 있는 경기도 과천·안양·시흥·성남·구리·의정부·부천·수원·안산 같은 중소 도시들을 통틀어 수도권이라고 해요. 한반도의 중심에 있는 수도권은 한강을 끼고 있어서 땅이 비옥해요. 그래서 예로부터 많은 사람들이 모여 살았지요. 특히 인천은 서울로 들어가는 길목이어서 바다를 통해 외국 문물이 많이 들어왔어요. 오늘날에도 세계적인 인천 국제공항과 큰 항구들이 자리하고 있지요.

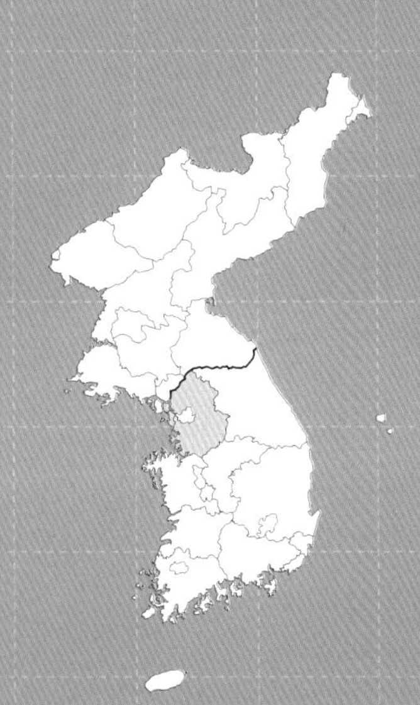

꽃게

경기도 분당·일산·산본·판교, 인천의 송도·청라 등은 서울의 주택 부족을 해결하기 위해 만들어진 신도시예요. 덕분에 서울 주택 문제에는 도움이 되었지만, 출퇴근 시간에 교통이 막히고 대기 오염 문제가 나타났지요. 또한 수질 오염, 자연 녹지 훼손 등 풀어야 할 환경 문제가 많아요.

재인폭포
연천군
포천 막걸리
酒
포천시
소요산
판문점
동두천시
광릉수목원
가평군
파주시
양주시
고인돌
자라섬
파주출판도시
밤
천마산
쌀
의정부시
강화군
김포시
고양시
먹골배
인삼
행주산성
구리시
남양주시
용문산관광단지
인천광역시
서울
인천차이나타운
하남시
정약용 유적지
용문사
부천시
양평군
천국제공항
광명시
과천시
남한산성
도자기
시흥시
인천항
안양시
광주시
의왕시
성남시
세종대왕릉
시화산업단지
군포시
안산시
수원화성
도자기
수원시
민속촌
전곡항
여주군
이천시
에버랜드
화성시
오산시
용인시
쌀
평택시
안성시
포도
서해대교
평택항

강원도

강원도(강원특별자치도)는 강릉과 원주의 머리글자를 따서 만든 지명이에요. 예전에는 관동 지방이라고도 불렀어요. 태백산맥이 남북으로 길게 뻗어 있고 동쪽으로는 동해와 접해 있지요. 산이 많아 쌀보다는 옥수수·감자·배추 등 밭작물을 많이 재배해요. 춘천은 교육, 강릉은 관광, 원주는 의료 산업이 발달했지요. 아름다운 산과 맑은 바다 등 관광 자원이 풍부하고 호텔·스키장·해수욕장 시설도 잘 갖추어져 있어서 관광객들에게 인기가 좋아요. 겨울에는 눈이 많이 내려서 2018년에 평창동계올림픽이 열리기도 했어요.

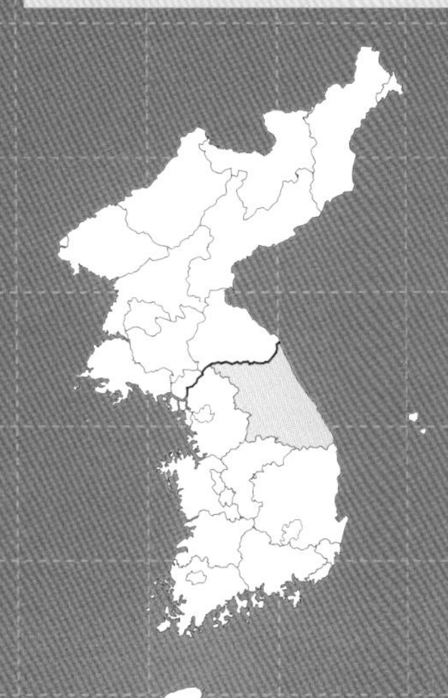

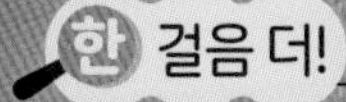

호수가 많아서 '호반의 도시'로 불리는 춘천에는 댐이 아주 많아요. 댐은 전기를 만들거나 물을 이용하려고 바닷물, 골짜기, 강 등을 막는 큰 둑을 뜻해요. 춘천에는 우리나라에서 가장 큰 소양강 댐이 있는데, 홍수와 가뭄을 예방하고 산업과 생활에 필요한 물을 공급해 주며 수력 발전으로 전기도 생산하지요.

통일전망대
고성군
두타연
설악산국립공원
화천군
양구군
평화의종공원
낙산사
원대리자작나무숲
양양군
춘천시
소양강댐
인제군
남이섬
수타사
강릉시
홍천군
오대산 월정사
오죽헌
한우
대관령양떼목장
횡성군
무릉계곡
정선군
동해시
평창군
치악산국립공원
대이리군립공원
(동굴지대)
정선아리랑시장
원주시
동강 래프팅
삼척시
영월군
태백산국립공원
태백시

충청도

충청도는 대전광역시·충청남도·충청북도로 이루어져 있어요. 우리나라의 중남부에 위치하며 경기도, 전라도, 경상도, 강원도와 접해 있어서 예로부터 교통의 중심지 역할을 했어요. 도로·하천·항만·공항 등 사회 기반 시설도 잘 갖추어져 있어 빠르게 성장하고 있지요. 특히 대전광역시는 한국과학기술원(KAIST)을 비롯한 연구 단지와 정부대전청사가 들어서면서 과학 기술·행정의 도시로 발돋움했어요.

왜목마을
당진시
팔봉산
서산시
만리포
태안군
아산
서산 용현리 마애여래삼존상
예산군
수덕사
홍성군
안면도
고추
청양군
보령시
백제 문화단
무량사
정림사지 오층석탑
대천해수욕장 (보령머드축제)
부여군
서천군
한산 모시

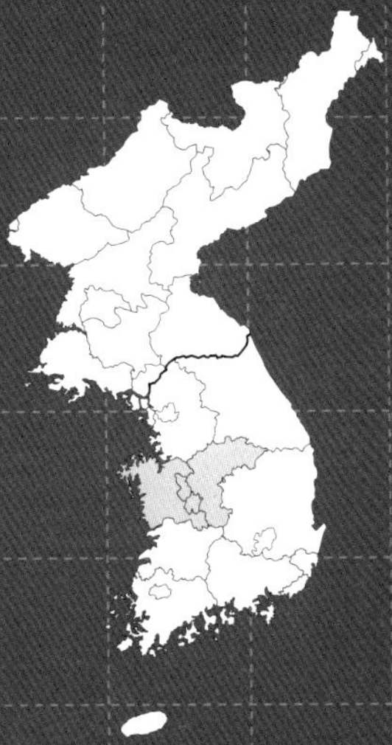

한 걸음 더!

서해안과 접해 있는 충청남도는 해안선이 복잡하고 갯벌이 넓어서 염전에서 소금을 만드는 염업과 수산물 양식업이 활발해요. 반면 충청북도는 우리나라에서 유일하게 바다와 닿지 않는 지역이어서, 사과·복숭아·포도·고추·잎담배 농사를 주로 지어요.

의림지
충주시
충주댐
사과
탄금대
제천시
고수동굴
단양 팔경
단양군
월악산
음성군
고추
진천군
쌀
독립기념관
천안시
증평군
미선나무
자생지
수안보온천
괴산군
직지심경
세종특별
자치시
석장리박물관
밤
청주시
청원군
청남대
정부세종청사
보은군
속리산 법주사
공산성
KAIST
카이스트
대전광역시
계룡산
둔주봉 한반도 지형
옥천군
논산 딸기
논산시
금산군
영동군
쌍계사
인삼
포도

전라도

우리나라의 서남부에 위치한 전라도는 광주광역시·전라남도·전라북도(전북특별자치도)로 이루어져 있어요. 호남평야, 나주평야 등 넓은 평야가 펼쳐져 있고 비가 많이 내려서 일찍부터 농업이 발달했어요. 우리나라에서 곡식을 가장 많이 생산하는 지역이지요. 산업화 이전에는 농업에 종사하는 인구가 많았는데, 산업화 이후 서울과 대도시로 사람들이 많이 이동하면서 현재는 인구가 크게 줄었어요. 한편, 전라도는 지역마다 생산되는 물품이 풍부하여 음식 문화가 발달했어요. 그리고 전주에 가면 한옥마을, 전주세계소리축제 등 전통문화를 접할 수 있는 유적과 행사가 많아요.

한 걸음 더!

전북 정읍시는 동학 농민 혁명의 중심지였어요. 광주광역시는 1980년 5·18 민주화 운동이 일어난 곳이지요. 5·18 민주화 운동은 우리나라의 민주화를 앞당기고 민주주의 정치가 발전하는 계기가 되었어요.

제주도

제주도(제주특별자치도)는 우리나라 남쪽에 있는 화산섬이에요. 섬 중심에 우뚝 솟은 한라산을 비롯해 오름(분화구), 동굴, 폭포, 숲길 등 독특한 생태계와 아름다운 경치를 두루 볼 수 있어서 관광객이 많이 찾아와요. 제주도는 육지와는 다른 말씨, 토속 음식, 해녀 문화 등 제주만의 독특한 풍습을 가진 매력적인 섬이지요. 날씨가 따뜻해서 감귤, 바나나 같은 과일을 많이 재배하고 돼지, 말도 많이 길러요.

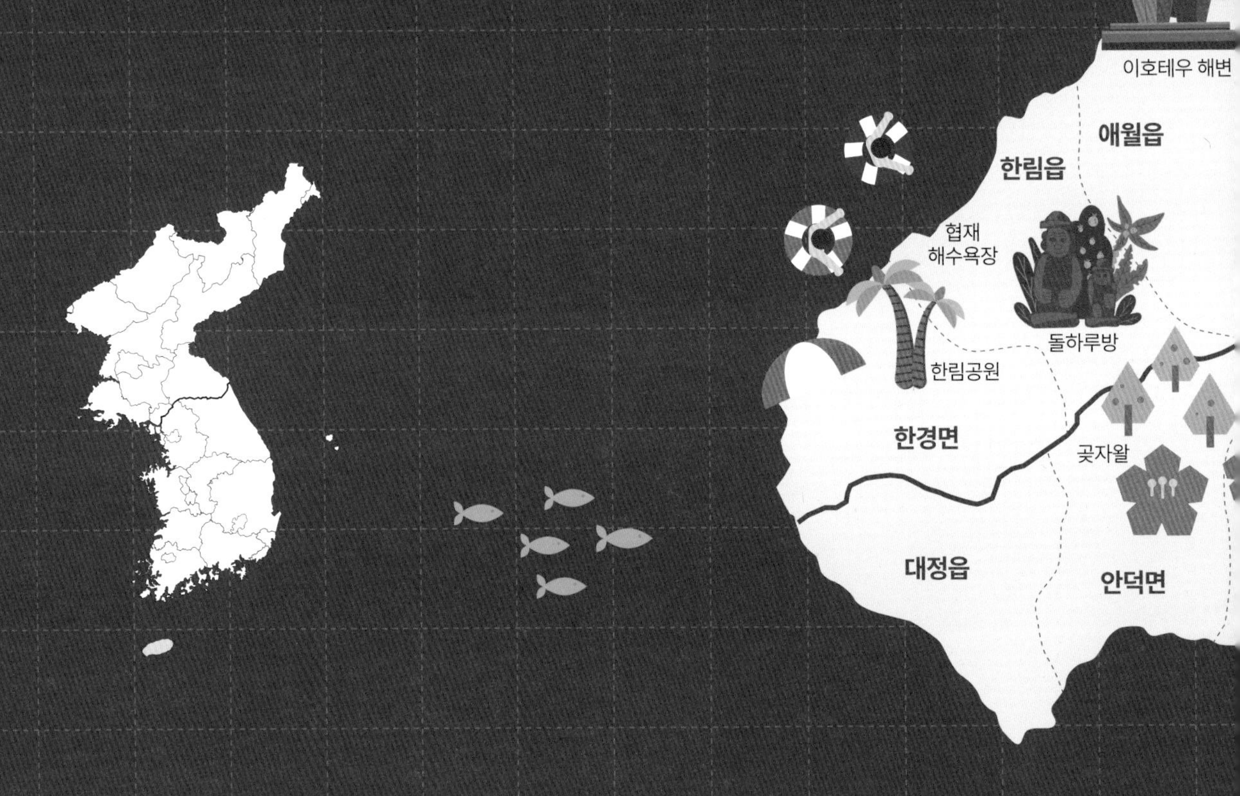

한 걸음 더!

제주도는 돌·바람·여자가 많아서 삼다도(三多島)라고도 해요.

함덕 해수욕장
제주국제공항
조천읍
만장굴
우도
제주시
구좌읍
흑돼지
말
성산일출봉
성산읍
백록담
사려니숲길
성읍민속마을
표선면
한라산국립공원
남원읍
해녀 체험장
귤
중문
서귀포시
중문
해수욕장
정방폭포

경상도

영남 지방으로 불리는 경상도는 크게 경상북도와 경상남도로 나뉘어요. 경상북도는 조선시대 유학자들이 공부하던 향교와 서원, 양반 마을 등 전통문화가 잘 보존되어 있어요. 경상남도는 우리나라 남쪽에 위치해 있고 바다와 접해 있어서 날씨가 온화해요. 특히 남해는 아름다운 해안선과 멋진 자연 풍광으로 유명해요.

경상도에는 광역시가 3개나 있어요. 부산광역시는 상업과 해운업이 발달한 우리나라에서 두 번째로 큰 도시지요. 울산광역시는 우리나라 최대 공업 도시로 자동차·배·철·기계 등을 만드는 공업이 발달했고, 대구광역시는 섬유와 패션 산업이 활발해요. 이 도시들이 우리나라 산업의 발전을 이끌어 왔다고 볼 수 있어요.

한 걸음 더!

신라의 수도였던 경주는 문화유산이 많이 남아 있어서 도시 자체가 거대한 박물관이에요. 석굴암, 불국사, 경주 역사 유적 지구는 유네스코 세계 문화유산이자 우리나라를 대표하는 관광지랍니다. 그래서 경주 인구의 절반 이상이 관광업에 종사하고 있어요.

독도

우리나라의 가장 동쪽에 있는 독도는 동도와 서도, 약 89개의 바위섬과 암초로 이루어져 있어요. 약 460만 년 전부터 250만 년 사이에 해저 2,000미터 아래에서 화산이 폭발했는데, 이때 뿜어진 용암이 굳어 만들어진 화산섬이지요. 독도 주변 바다에는 플랑크톤이 많아 오징어·대구·상어 등이 잡히고, 공해가 적어 차세대 에너지원으로 주목받고 있는 메탄 하이드레이트와 다양한 광물 자원도 매장되어 있어요. 독도는 70여 종의 철새가 서식하거나 이동 중 머무는 휴식처이기도 해요.

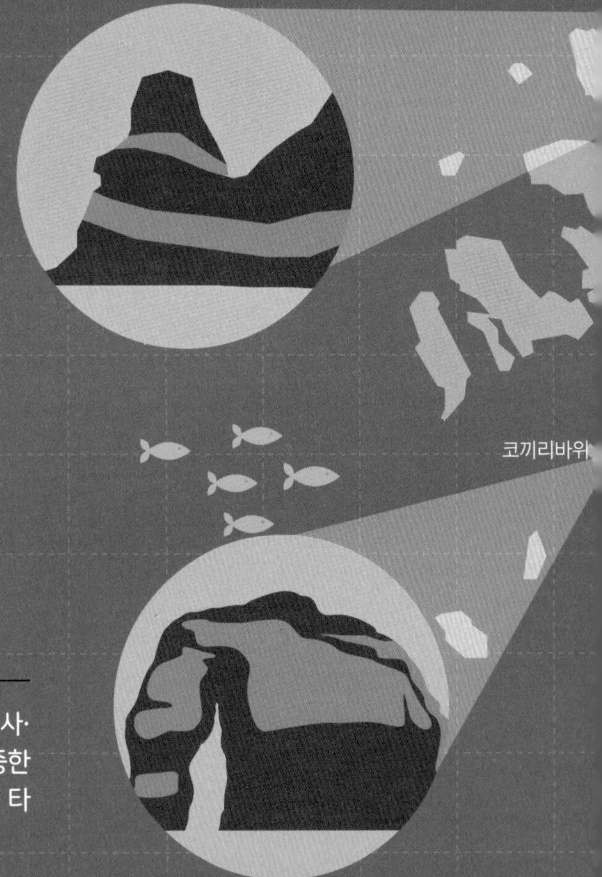

한 걸음 더!

독도는 대한민국의 영토로 독도 경비대가 지켜요. 영토·군사·자원·해상 교통 등 모든 면에서 중요한 가치를 지니는 소중한 우리 땅이지요. 독도는 출입이 자유롭지 않지만, 여객선을 타면 동도의 선착장에 잠깐 내릴 수 있어요.

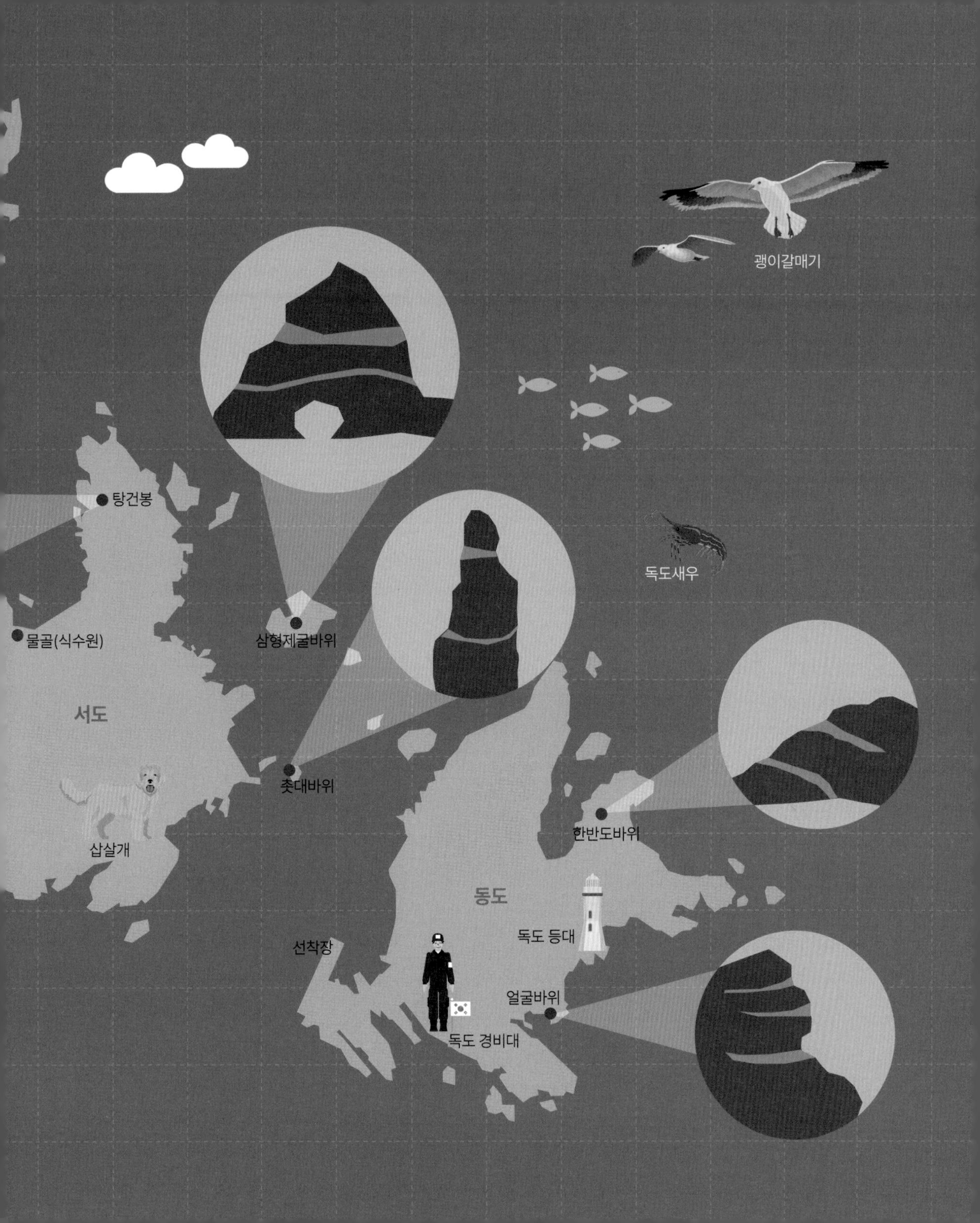

괭이갈매기
탕건봉
독도새우
물골(식수원)
삼형제굴바위
서도
촛대바위
삽살개
한반도바위
동도
독도 등대
선착장
얼굴바위
독도 경비대

북한

1953년 정전 협정 당시 설정된 군사분계선 이북 지역이 북한의 영토로, 한반도의 약 56퍼센트를 차지해요. 북쪽으로는 중국, 러시아와 접해 있지요. 북한에는 백두산, 금강산 등 아름다운 자연 경관이 많고 지하자원이 풍부해요. 또한 고조선, 고구려, 고려의 수도였던 평양과 개성에는 자랑스러운 문화유산이 많이 남아 있답니다. 현재 북한은 미사일·핵 실험 등으로 국제 사회의 제재를 받고 있어서 식량·에너지·공산품 부족으로 어려움을 겪고 있어요.

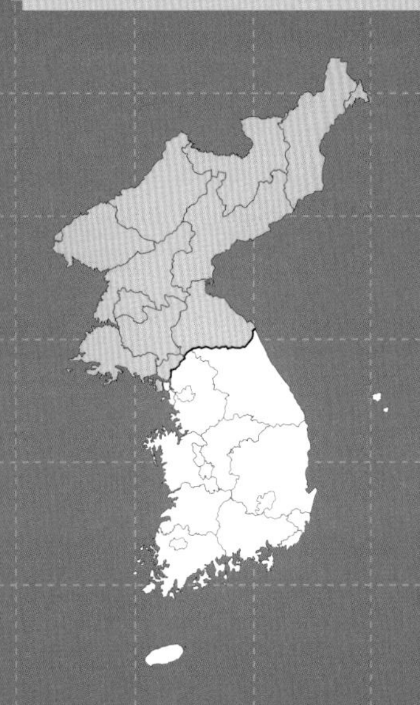

신의주특별행정구

남포특별

한 걸음 더!

한반도가 분단되면서 대륙과 해양을 잇는 반도의 장점을 살리지 못하고 있어요. 남북한 모두 군사비로 불필요한 인력과 예산을 쓰면서 국력도 낭비되고 있지요. 또한 분단이 오래 이어지면서 언어·가치관·생활 방식 등도 조금씩 차이 나고 있어요. 통일이 이루어진다면 평화로운 땅에서 지금보다 더 경쟁력 있는 나라로 발전할 수 있을 거예요.

조선업
함경북도
나선특별시
천지
백두산
철광석
개마고원
칠보산
양강도
자강도
압록강
함경남도
북청사자놀음
진흥왕순수비
금광
묘향산
감자
평안북도
화학 공업
평안남도
동명왕릉
평양직할시
강원도
목장
평양냉면
금강산국제관광특구
황해북도
박연폭포
쌀
황해남도
개성공업지구
선죽교

자료 출처

지도를 왜 만들어요? _ 기후도 : 대한민국 국가지도집

기후 변화가 보내는 경고가 뭐예요? _ 연 강수량, 평균 해수면 상승률, 연평균 기온 : 국립기상과학원, 국립해양조사원

기후 변화는 생태계에 어떤 영향을 주나요? _ 열대 과일 재배 지도 : 농촌진흥청

우리나라는 인구가 많나요? _ 우리나라 연도별 출생아 수, 2022년 전 세계 국가별 출산율 : 통계청

인구 피라미드가 뭐예요? _ 우리나라 인구 피라미드의 변화 : 통계청

사람들은 왜 이동하나요? _ 우리나라 지역 소멸 변화 : 국토교통부

고령화 사회가 왜 안 좋아요? _ 65세 이상 고령 인구 비중 : 경인지방통계청

혼자 사는 사람이 왜 많아요? _ 2050년 가구원수별 가구 : 통계청

산업이 뭐예요? _ 우리나라 산업 구조 변화 : <한국통계연감>, 2022

우리나라 교통은 언제부터 발전했어요? _ 우리나라 교통수단 현황 : 국토교통부 통계누리, 2022~2023

우리나라는 자원이 많나요? _ 우리나라 6대 수출 상품·6대 수입 상품 : 산업통상자원부, 2023

사람들은 왜 도시에 많이 사나요? _ 전국의 도시화율 : 통계청 <통계적 지역분류체계로 본 도시화 현황>, 2024

사람들은 왜 도시에 많이 사나요? _ 도시화 현황 : 한국토지주택공사, 2018

사람들은 왜 촌락을 떠나나요? _ 우리나라 인구 감소 지역 : 행정안전부

참고 사이트

대한민국 국가지도집 nationalatlas.ngii.go.kr

통계청 kostat.go.kr

국립기상과학원 nims.go.kr

국립해양조사원 khoa.go.kr

농촌진흥청 rda.go.kr

국토교통부 통계누리 stat.molit.go.kr

산업통상자원부 motie.go.kr

한국토지주택공사 lh.or.kr

행정안전부 mois.go.kr

교과 연계

사회 3-1　1. 우리 고장의 모습

사회 3-2　1. 환경에 따라 다른 삶의 모습

사회 4-1　1. 지역의 위치와 특성

사회 4-2　1. 촌락과 도시의 생활 모습

사회 4-2　3. 사회 변화와 문화 다양성

사회 5-1　1. 국토와 우리 생활

과학 5-2　3. 날씨와 우리 생활

사회 6-1　3. 우리나라의 경제 발전